뜨개하는 날들

취향을 엮어 좋아하는 것을 만드는 일

뜨개하는 날들

박은영 지음

SIGONGSA

프로 니터를 꿈꾸다 좌절한 에디터의 고백

처음 손뜨개를 접한 건 다섯 살 때였다. 맞벌이 부모님을 대신해 나의 학습 겸 놀이 선생님이 돼준 이는 할머니, 할아버지였다. 할머니에게 대바늘 뜨기와 손바느질을 배웠다. 겉뜨기·안뜨기로 네모 뜨기를 배웠는데, 그 네모난 것이 작으면 인형의 이불이 되었고 여러 조각의 네모를 이어 붙이면 인형 옷이 되었다. 직사각형으로 길게 뜨면 목도리가 되었다. 코를 빠트리고 더하기를 반복하다 울퉁불퉁 멍텅구리 모양이 되어도 그것 나름대로 재미라고 생각했다. 이후 손뜨개를 왜 계속했는지는 모르겠다. 재밌으니까 계속했겠지. 그러다 고등학생 때 친구에게 꽈배기 뜨기를 배워 제법 그럴싸한 목도리를 뜰 줄 알게 되고 대학교 친구의 도움으로 배색뜨기, 원통뜨기 등을 배우며 점점 할 줄 아는 기법이 늘었다. 그러면서 모자, 워머 등을 만들기 시작했다. 하지만 정신없는 직장 생활을 하며 자연스럽게 뜨개는 손에서 떠났다. 그러던 어느 날 이대론 안 되겠다, 정신 건강을 위해 취미를 가져야겠다고 마음먹고 바느질, 가죽공예 등의 클래스를 다니며 돌고 돌아 다시 시작한 건 손뜨개였다. 실과 바늘만 있으면 어디서든 쉽게 할 수 있다는 것이 손뜨개의 매력이자 꾸준히 할 수 있는 이유가 되었다. 나무 바늘끼리 타닥타닥 부딪히는 소리, 손안에 부드럽게 감기는 실, 한 단 두 단 뜨다 보면 어느샌가 무릎 위로 소복이 쌓이는 따뜻함. 이 모든 것이 마치 명상처럼 마음을 편안하게 만들었다.

친구를 통해 도안 까막눈에서 조금 벗어난 나는 스웨터, 양말, 장갑 뜨기 등을 혼자 도전하다 실패만 반복하고 결국 인내심의 한계를 느꼈다. 혼자서 시간을 허비하기보다 전문가의 도움으로 원하는 단계까지 빨리 도달하는 편이 낫겠다 싶어 손뜨개 과외를 받았다. 그때부터였던 것 같다. 선생님을 잘 만난 덕에 손뜨개의 재미에 깊이 빠지게 됐다. 대바늘 뜨기보다 더 준비가 간단한, 바늘 하나만 있으면 되는 코바늘뜨기를 할 줄 알게 되며 중독성은 더 심각해졌다. 코바늘뜨기 가방을 만들다 밤을 새고 일도 뒷전인 채 지하철이며 카페며 어디든 잠깐 앉을 수 있는 곳이면 손에서 뜨개를 놓지 않았다. 하루는 지하철로 이동하며 가방을 만드는데 옆자리 할머니가 말을 건네는 것이었다. "뜨개 할 줄 모르는 사람한테는 뜨개 선물 하지 마. 얼마나 수고로운 일인지 그 사람네들은 몰라." 그러자 갑자기 초등학생 때 엄마가 복실복실한 털실로 떠준 스웨터가 떠올랐다. 내가 원하는 디자인이 아니라며 몇 번 입다 말았는데, 바쁜 와중에 짬짬이 내 옷을 떴을 엄마를 생각하니 미안함과 후회가 뒤늦게 가슴속 깊이 파고들었다. 뜨개를 조금 할 줄 알게 되니 웬만한 마음이 아니면 선물해 주기가 그리 아까운 것이 손뜨개라는 것을 알게 됐다.

   그런 면에서 시간, 정성, 기술, 마음 등이 들어가는 손뜨개는 우리가 귀하게 여기는 도자, 금속 등의 공예와 별반 다르지 않는데 왜 유독 한국에서는 손뜨개 하면 취미 생활의 일부로 먼저 떠올리는 걸까. 어릴 적 엄마가 집에서 하는 생활 공예의 하나로 봐와서일까, 아주머니들이 시장한 귀퉁이에 모여 수다를 떨며 하던 모습 때문일까. 유독 공예 분야 중에서도 뜨개를 쉽게 여기는 사람을 어렵지 않게 만나곤 한다. 어느 니터의 말처럼 뜨개가 진입장벽이 낮은 것은 맞지만 자기만의 디자인으로 창작하고 밀도 있게 완성하기까지, 버티고 수익을 만들어내기까지의 과정은 여간 어려운 일이 아니다. 한국에 취미 니터는 많지만 아이러니하게도 니트품에 대한 평가 면에서는 좀 야박하기도 하다. 이런 환경에서 작가로서, 직업인으로서 니터로 사는 이들은 도대체 어떻게 버티며 사는 걸까?

　이 책을 쓰기 위해 만난 10인의 니터들이 공통적으로 하는 말은 '그저 재밌으니까 버텼다'고 한다. 재밌으니까 시간 가는 줄 모르고 하다 보니 버텨졌고 버틴 것이 내 것이 되어 있었다고 말이다. 그래도 재미만으로 어떻게 버틸 수 있는지 니터를 직업으로 선택하기까지의 여정과 버티기 근육을 키우는 방법이 궁금했다. 나 같은 생각을 가진 이들을 위해 그들에게 얻을 수 있는 정보를 담으려고 노력했다.

　인터뷰는 2019년 겨울과 2020년 봄에 걸쳐 진행됐다. 코로나19로 상황이 달라지며 인터뷰 후 촬영이 중단된 적도 있었고, 출판사 또는 개인 사정으로 책의 진행이 멈춰진 적도 있었다. 진행되던 여러 책이 사라지는 순간에도 불구하고 담당 편집자의 노력으로 이 책은 살아남아 2024년 그 모습을 드러냈다. 3~4년 전에 만난 니터들의 근황을 다시 살피며 변화된 그들의 이야기를 새롭게 듣기도 했다. 비대면이 일상화되며 온라인 시장이 더 활성화되어 패키지 주문으로 바빠진 니터도 있고 자기만의 아담한 공간을 꾸린 니터도 있으며 출산과 육아로 지금은 공방 문을 닫았지만 니터의 조력자로 남은 이도 있다. 많은 고비와 시간을 이겨내고 과거의 그들의 이야기를 애써 현재로 불러낸 만큼 이 책이 국내 니터들의 인식 제고와 시장에 의미 있게 남으면 좋겠다.

오늘도 무언가를 만들며 글을 쓰는

박은영

견고한
팬덤을 만든
니트 생명체

Instagram @pocogrande

포코 그란데 (강보송)

2000년대 중반부터 국내에 해외 디자이너의 브랜드를 수입해 판매하는
편집숍이 늘어나며 다양하고 창의적인 디자인을 어렵지 않게 만날 수 있게
됐다. 그중 눈에 띄던 브랜드가 영국의 텍스타일디자이너이자 브랜드
도나 윌슨이었다. 기괴하면서도 독특하고 사랑스러운 그의 니트 인형은
핸드메이드 정신을 더해 특유의 따뜻한 감성을 선보이며 마니아층을 형성했다.
또한 인형을 넘어 패턴을 활용한 쿠션과 담요 등의 제품 라인을 만들어
라이프스타일 브랜드로 성장해 나가는 모습을 보였다. 한국은 손뜨개의
역사가 짧은 만큼 콘텐츠의 다양성에 대한 측면이 늘 아쉽다고 생각하던 때
포코 그란데(poco grande)의 강보송 씨가 눈에 들어왔다. 익살스러우면서도
기묘한 표정을 지닌 인형과 이를 캐릭터화해 리빙 제품으로 만든 그의 재주를
보며, 어쩌면 도나 윌슨 같은 브랜드가 한국에서도 탄생할 수 있겠다는
예고편을 보는 듯했다.

위안을 주는 인형

"인형은 사람의 모습을 하고 있는 작은 형상을 일컫는다. 한국에선 일부 동물 형상도 인형이라고 부른다. 인류에게 인형은 친근하고 특별하다. 인형은 함께 놀이를 하는 친구다. 든든한 수호 신일 때도 있다. 인형은 늘 곁에 있기에 돌봄을 받는 존재지만 거꾸로 사람의 말을 들어주고 돌봐주기도 한다. 인형은 그렇게 충직하고 든든하면서 신비로운 존재로 인간의 옆에 있다." 세계인형박물관 부관장 김진경 씨가 쓴 책 『인형의 시간들』에서 발췌한 문장이다. 책 내용의 일부를 좀 더 옮기자면 일본에서는 아이들의 장난감이지만 안녕을 기원하고 액운을 쫓는 부적이기도 했고, 과테말라의 걱정 인형은 온갖 걱정에 잠 못 드는 아이들의 내밀한 이야기를 들어주며 위안을 건네는 존재였다고 한다. 삶에 신명을 불어넣는 광대인가 하면 감상하며 수집하는 예술작품이라고도 표현한다. 익살스럽고 기묘한 표정의 뜨개 인형으로 팬덤을 만든 포코 그란데의 강보송 씨에게도 인형은 특별한 존재다.

2021년 5월 18일부터 6월 12일까지 한남동 갤러리 반크에서 열린 보송 씨의 첫 개인전 〈리틀 판타지아〉에서 발표한 작가 노트를 살펴보면 그가 뜨개 인형을 대하는 태도를 좀 더 깊이 들여다볼 수 있다.

"2019년은 개인적으로 힘든 일이 많은 해다. 뜨개를 그만둘까 고민도 했다. 하지만 내 손은 까맣게 탄 속을 진정시키려는 듯 아무거나 만들며 움직이고 있었다. 그렇게 작업을 이어가다 보니 내 안에 깊게 자리했던 어두운 감정들이 조금씩 치유됨을 느꼈다. 아이러니하게도 그만두려고 했던 뜨개에 더 몰입하면서 당시 비관적이고 괴로웠던 마음을 이겨낼 수 있었다. 이러한 일련의 과정을 겪고 내 삶에 뜨개가 얼마나 중요하

인형은 작고 무용하지만 이를 통해 느끼는 행복은
다른 유용한 물건과 비교할 수 없는 특별함이 있다고 믿는다.

고 소중한지를 제대로 알게 됐다. 어느새 생계가 되어 뜨개를 '일'로만 생
각했던 나날에 작은 돌파구가 열린 것이다. 돌이켜보면 어떤 상황에 놓여
있어도 바늘을 잡는 순간만큼은 늘 행복했다. 특히 생명체의 모습을 한
형태를 만들 때는 더욱 그랬다. 그래서 뜨개 인형이 내게 준 좋은 기운을
사람들에게도 전하고 싶다."

　2013년 11월 서촌에 문을 열고 2020년 2월 문을 닫기까지 7년간
그에게 무슨 일이 있었던 걸까? 견고한 팬덤을 만들며 사랑받고 있을 거
라고 생각했던 포코 그란데에게 어떤 일이 일어난 걸까? 뜨개 인형을 통
해 삶의 희로애락을 표현하는 그의 이야기가 궁금해진다.

시간이 서서히 흐르는 동네 서촌에서의 시작

어려서부터 만들기를 좋아한 보송 씨는 미술대학 공예과에 진학했다. 금
속공예를 전공한 후 액세서리 디자인으로 취업도 했다. 당시 학교에서는
중국 취업을 권장해 몇몇 학생이 중국 대도시로 취업을 했는데 보송 씨도
그중 한 사람이었다. 칭다오에 있는 주얼리 회사의 디자이너로 일을 시작
했지만 10개월 만에 퇴사하고 한국으로 돌아왔다. 회사에서 원하는 건
잘 팔리는 브랜드의 디자인을 카피하는 것이었다. 이에 염증을 느낀 보송
씨는 서울에서 다시 주얼리 회사에 취직했지만 기대했던 디자이너의 일
은 아니었다. 회사 생활을 하며 스트레스를 받을 때마다 조금씩 손뜨개
를 하며 기분을 풀었다. 혼자 뜨고 풀기를 반복하고 연습하는 것이 당시
직장인 보송 씨가 스트레스를 푸는 방법이었다. 손뜨개가 업이 된다는 건
상상조차 하지 못한 채 말이다.

직장인 디자이너로 살아간다는 것에 의문이 생긴 보송 씨는 결국 회사를 그만두고 좋아하는 일을 좇기로 했다. 그것은 자신이 디자인하고 싶은 것을 스스로 만드는 것이었다. 생계를 위해 방과후 영어 선생님, 동대문 도매시장 아르바이트, 미술학원 선생님 등의 일을 하며 돈을 벌고 집에서 손뜨개를 독학하며 귀걸이, 팔찌 등의 액세서리를 만들었다. 그리고 꾸준히 플리마켓에 나가 팔았다. 평일에는 돈을 벌기 위해 일을 하고 주말에는 좋아하는 것을 즐기기 위해 마켓에 나가는 생활을 반복했다. 마켓에서의 반응은 기대 이상이었다. 어느 순간 손뜨개가 업이 되어도 굶어 죽지는 않을 것 같다는 확신이 들었다. 돈을 많이 벌지는 못하지만 좋아하는 일을 하며 생계를 이어나갈 수 있다는 것 자체가 희망적이었다. 이후 평일에 하던 일을 그만두고 손뜨개에 몰입하기 시작했다. 얼마 후 우연히 인왕산을 오르던 길에 옥인동 1층의 빈 공간을 마주하게 됐고 운명처럼 그곳에서 포코 그란데의 공방이 시작됐다. 부모님의 도움으로 보증금을 마련하고 인테리어를 했지만 앞으로의 월세가 걱정이었다. 그래서 직접 만든 손뜨개 액세서리와 함께 도매시장의 제품도 팔고 위탁 판매도 했다. 마켓에서 뜨개 액세서리가 판매됐던 것처럼 사람들의 관심과 수익을 예상했지만 반응은 뜻밖이었다. 포코 그란데 공방을 방문한 사람들은 마켓에서 만난 사람들과 달리 '구입'이 아닌 '직접 만들어볼 수 있나요?'라는 질문을 해왔다. 계속해서 뜨개 수업에 대한 문의가 이어지자 가르칠 수 있는 기법 안에서 만들 수 있는 아이템으로 수업을 해보기로 했다. 처음에는 다른 공방에서도 쉽게 배울 수 있을 법한 목도리와 모자 만들기 수업을 진행했다.

항상 '자기만의 콘텐츠와 디자인'이 중요하다고 생각했던 보송 씨는 어릴 적부터 집착하듯 좋아하던 인형을 떠올렸다. 동물 인형부터 마론

Quien más corre menos vuela

인형, 맥도날드의 해피밀 인형까지 온갖 종류의 인형을 수집하던 그는 직접 자기만의 인형을 만들어보기로 했다. 뜨개를 공부하며 자유롭게 입체물을 만드는 것에 재미를 느낀 데다 대바늘로 떴을 때 그 특유의 포근함과 흐물흐물한 형태가 인형과 잘 맞는다고 생각했다. 손가락만 한 작은 인형을 뜨다 조금씩 만듦새와 표현에 자신감이 붙은 보송 씨는 포코 그란데 고유의 캐릭터를 디자인하기 위해 더욱 고심했다. 특히 평소 존경하던 미국 영화감독 웨스 앤더슨이 만든 스톱 모션 애니메이션 〈판타스틱 미스터 폭스〉는 그에게 신선한 자극이 되어 많은 디자인 모티프가 되어줬다.

　　인형 뜨기는 모자나 목도리를 뜨는 것보다 다양하게 표현할 수 있는 디테일과 형태, 배색 등 연구할 거리가 많은 것이 재미였다. 그렇게 탄생한 보송 씨의 인형은 익살스러운 표정이지만 미워할 수 없고 바보스러우면서도 묘한 표정의 독특한 매력을 지녔다. 특별한 부속품을 활용하기보다 여러 질감과 색감의 실을 사용해 얼굴의 표정을 만들고 몸이나 옷에 디테일을 더하는 것이 특징이다. 자신만의 캐릭터디자인이 생긴 보송 씨는 인형뿐 아니라 이를 패턴화해 담요, 쿠션 등의 제품도 만들었다. 서촌을 오가는 사람들과 SNS를 통해 보송 씨의 손뜨개 캐릭터가 소문나기 시작했다. '귀여움이 세상을 구한다'는 말이 떠오를 만큼 그의 인형을 보고 있으면 어느새 굳어 있던 마음이 스르륵 풀리는 마법이 일어난다. 보송 씨만의 인형 디자인과 패턴, 도안 등이 체계적으로 정리되며 수강생도 모여들었다. 수업은 총 8주, 한 주에 2시간씩 5명이 조를 이루어 진행됐다. 계획적이기보다 재미를 추구하는 보송 씨에게 수업은 처음 공방을 시작할 때는 생각해 본 적 없던 운영 방식이었지만, 이 또한 비슷한 취향의 사람들이 모여 함께 손뜨개를 하는 시간이 즐거워 해나갔다. 수업료를 통해 월세를 감당해내고 있는 현실 또한 무시할 수 없었다. 한 명, 두 명 조금씩 늘어나던 수강생은 어느새 45명이 되었다. 개인의 역량에 따라 개별 지도를 하던 보송 씨의 힘이 조금씩 부치기 시작했다. 어느 순간부터는 새로운 캐릭터디자인을 할 때면 자기도 모르게 수강생이 어려워할 것 같은 기법이나 디테일을 피하기도 했다. 이렇게 지속되다가는 수강생들에게 좋은 콘텐츠를 제공하지도 못하고 자신 또한 더 발전할 수 없을 것 같다는 생각이 엄습했다. 수업을 통해 생활의 안정과 좋은 인연을 얻은 대신 개인의 발전에 장벽이 생긴 기분이었다. 결국 2년간 지속되던 수업을 멈추었다. 수업을 위한 뜨개를 하다 보니 정작 '내가 하고 싶은 뜨개'를 하지 못했다는 걸 깨달았다. 뜨개 선생 강보송도 좋지만 '작가' 강보송으로 성장하고 싶은 마음도 있었다. 이를 위한 내적 시간을 쌓고자 옥인동 공방 문을 닫았다. 그리고 작업에만 몰두하기 위해 을지로의 건물 7층으로 자리를 옮겨 혼자만의 작은 작업실을 시작했다. 오직 자신만이 할 수 있는 디자인과 디테일, 그리고 이야기를 만드는 데 집중하고 싶었다.

포코 그란데 보다 작가 강보송

스페인어로 '작다'는 뜻의 포코(poco)와 '크다'는 뜻의 그란데(grande)를 합친 단어인 포코 그란데는 보송 씨가 손뜨개를 통해 사람들에게 전하고 싶은 마음을 함축적으로 표현한 이름이다. 물질적 크기는 작더라도 큰 행복을 전해줄 수 있는 무언가를 만들고 싶다는 뜻으로 이름 지었다. 인형은 작고 무용하지만 이를 통해 느끼는 행복은 다른 유용한 물건과 비교할 수 없는 특별함이 있다고 믿는다. 곁에 있는 것만으로도 삶이 좀 덜

[1~2] 2013년부터 2020년까지 운영했던
서촌의 포코 그란데 공간 (사진 제공: 강보송)

삭막하고 정서적 안정감을 주며 애착의 관계를 갖게 해주는 물건 중 인형만 한 것이 또 어디 있을까. 그래서 보송 씨는 손뜨개 인형을 만들면 만들수록 행복하고 작가로서 더 성장하고 싶어진다. 사실 독창적 디자인의 니터로 성장하고 싶다고 자극받은 데에는 주변의 반응도 한몫했다. 금속 공예를 하던 때와 달리 손뜨개는 많은 사람들이 생활 밀착형 취미 공예로 생각해 누구나 쉽게 할 수 있는 만만한 분야로 여기는 것을 여러 번 경험했다. 문턱이 낮다는 말에 어느 정도는 동의하지만 어느 정도는 전문 니터로서 자존심이 상했다. 그래서 쉽게 따라 하지 못할 기법과 자신만이 표현할 수 있는 디자인에 대해 더 많은 고민을 하기 시작했다.

　　을지로에서 작업에만 전념한 지 3개월 남짓 되었을 무렵 공예품 기획 판매전 〈차를 위한 물건〉에 초대됐다. 그 자리를 통해 처음으로 수업을 위한 뜨개 인형이 아닌 작품으로서의 인형을 선보였다. 완성된 형태의 인형을 판매해 보는 것 또한 처음이었다. 그동안 내재되어 있던 이야기와 디자인을 폭발시킬 수 있는 기회였다. 혼자 차 마실 때 외롭지 않게 곁에 있어줄 동물 형태의 작은 다우 15개는 전시 오픈이 얼마 지나지 않아 '완판'되었고 추가 주문 제작이 이어졌다. 개당 15만 원으로 저렴하지 않은 가격임에도 불구하고 강보송 작가의 인형을 구입하기 위해 일찍부터 갤러리 문 앞에서 기다리는 사람도 있었다. 일단 그의 인형을 집어 들면 하나로는 만족할 수 없다는 듯 모두 다른 형태의 다우들을 이리저리 짝을 지어보다 결국 2개 또는 3개, 6개를 구입하는 관람객도 있었다. 뜨개 인형은 아이들의 장난감이라는 일반적인 생각과 달리 어른들이 더 좋아했다. 포코 그란데의 인형을 좋아하지만 손재주가 없어 직접 만들어볼 엄두도 못 냈다며 그의 인형 판매를 반가워하는 사람이 여럿이었다. 그리고 이어지는 그룹전 〈구멍가게〉와 첫 개인전 〈리틀 판타지아〉까지 대부

분의 작품이 판매되며 포코 그란데라는 이름보다 '작가 강보송'으로 이름
을 알리기 시작했다.

　간판 없는 작고 포근한 분위기의 뜨개방을 꿈꾸며 문을 연 포코
그란데 사장님은 이제 사람들이 만만한 취미라고 여기는 손뜨개를 유럽
이나 일본의 뜨개 문화처럼 무궁무진한 표현의 가능성을 지닌 공예의 한
분야로 인식될 수 있도록 노력하는 작가로 성장 중이다. 그동안 보여준
전시를 통해 탄탄한 마니아층을 가지고 있다는 것도 확인했다. 견고한
팬덤을 만들며 꾸준히 노력해 나가는 그를 보고 있으면, 작은 움직임이
지만 끊임없이 파동을 일으키며 큰 파도를 만들어낼 작가가 될 것이라는
기대를 갖게 한다.

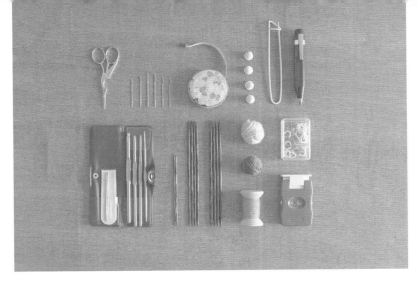

보송 씨가 주로 사용하는 도구들.
말랑말랑한 인형을 표현하기 좋은 대바늘뜨기를 선호한다.

복실복실하고
포근한 인형을
표현할 때
선호하는 털실들

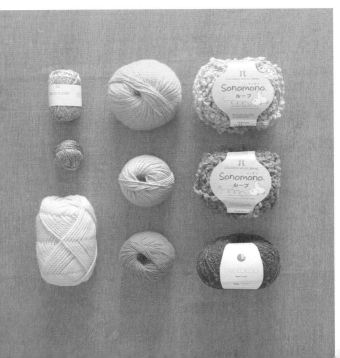

보송 씨가 직접 디자인한
특유의 익살스러움이 느껴지는 캐릭터 인형들

[1~2] 누구나 따라할 수 있도록 디자인한 니트 액세서리류
[3] 인형 캐릭터를 활용해 만든 뜨개 장갑

작가 강보송으로서 처음 선보인 작품은 〈차를 위한 물건〉전을 위한 '다우'였다.
돌멩이 위에 인형을 세워 문진 겸 차 마실 때 함께해 주는 인형 친구를 만들었다.
(사진 제공: 더니트클럽)

목수와 협업해 만든 오토마타 인형. 손잡이를 돌리면 꽃이 빙글빙글 돌고 여우의 꼬리가
살랑살랑 움직인다. 스웨덴 유학 생활 중 우연히 마주친 여우의 이야기를 표현했다.
(사진 제공: 더니트클럽)

쉽지만
지루할 틈
없는

니트웨어 디자인

Instagram @mamalans_studio

마마랜스 스튜디오 (이하니)

패션디자인에서 니트웨어는 별개의 분야로 분류될 만큼 특별한 기술과
디자인을 요구한다. 국내 대학교에서 니트웨어 디자인은 패션디자인의 교과
과정 중 하나로 취급되지만 니트 선진국의 대학교에서는 전공 학과가
따로 있을 정도다. 그만큼 습득해야 할 지식과 기술이 많다는 증거다.
그래서인지 약간의 손재주만 있으면 가방, 모자 등의 액세서리를 만들기란
어렵지 않지만 혼자 옷을 만들기까지는 꽤 오랜 시간이 걸린다.
하지만 마마랜스 스튜디오는 복잡하고 어렵게만 느껴지는 니트웨어 만들기를
쉬우면서도 모두 다른 옷을 만들 수 있도록 제안한다. 니트웨어 만들기에
관심 있는 사람들 사이에서 마마랜스가 인기 있는 이유다.

누구나 할 수 없는 손뜨개

온라인에서 옷을 쇼핑할 때 카테고리를 살펴보면 니트웨어 코너가 따로 있는 경우가 있다. 직물 원단으로 만든 옷과는 별개로 분류될 만큼 니트웨어는 또 다른 분야다. 니트 강국인 일본, 영국 등에서는 대학에 니트웨어 디자인과가 있을 만큼 패션디자인과와 따로 구분한다. 패션디자인과와 커리큘럼 자체가 다르다. 실의 조직을 어떻게 구성하느냐에 따라 수백 가지의 원단을 만들 수 있고 신축성을 이해하며 입체 재단을 해야 하기 때문이다. 직물 원단의 디자인보다 조금 더 수학적이고 기술적이다.

누구나 마음만 먹으면 손뜨개를 독학할 수 있다. 잘 만든 도안 서적과 유튜브를 참고하며 머플러, 모자, 가방, 담요 등을 뜰 수 있다. 하지만 니트웨어를 처음부터 혼자 만들기란 쉽지 않다. 액세서리류를 만드는 것보다 구조가 복잡하고 목, 팔, 몸통 등의 둘레에 따라 기법, 게이지 등이 달라지며 편물 조직의 패턴을 이해할 수 있어야 몸통과 팔 부분 등의 이음새가 자연스러운 니트웨어가 완성된다. 또한 완성하기까지 시간도 오래 걸린다. 인내를 가져야만 가질 수 있는 것이 손뜨개 옷이다.

온라인을 통해 니트웨어 도안과 실을 판매하는 마마랜스 스튜디오는 손뜨개에 관심 있는 젊은 세대에게 인기 있는 브랜드다. 카디건, 스웨터, 베스트 등을 주로 선보이는데 소녀 감성의 디자인이면서도 유치하지 않다. 주머니, 칼라, 손목 등에 들어가는 포인트 컬러의 배색이 세련됐다. 사이즈에 크게 구애받지 않는 루즈핏으로 툭툭 걸쳐 입기 좋고 안에 여러 겹의 옷을 겹쳐 입을 수 있어 겨울철 보온도 더 챙길 수 있다. 특히 몸통 라인이 직선적이라 몸매가 부각되는 부담이 없으며 몇몇 개의 디자인은 실색만 달리하면 남성도 충분히 소화할 수 있는 중성적 디자인이라

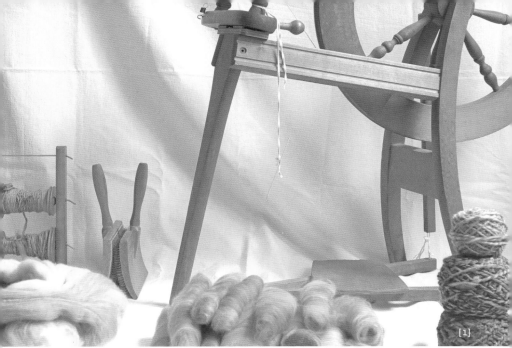

[1] 여러 종류의 실을 합사해 마마랜스만의 색실을 만들고 있다.
[2] 이하니 씨는 기본 기법만 알아도 누구나 옷을 완성할 수 있도록 디자인한다.

매력 있다.

　　마마랜스 스튜디오는 패션디자인을 전공한 이하니 씨가 만들었
다. 패션디자인을 공부했지만 원단을 봉제하는 방식의 디자인이 자신과
잘 맞지 않다는 걸 알았다. 똑같은 것을 반복해 생산하는 것에도 흥미가
없었다. 하지만 손뜨개로 만드는 옷은 다르게 느껴졌다. 똑같은 디자인도
그날의 컨디션과 기분에 따라, 손의 힘에 따라 다른 결과물이 나왔다. 실
의 종류와 색도 어떻게 조합하느냐에 따라 평면적 디자인도 입체적으로
표현할 수 있으며 최종 결과물이 나올 때까지 예상할 수 없는 기대를 갖
게 하는 것도 재미로 다가왔다. 그런 그가 니트웨어를 만드는 건 자연스
러운 수순이었다. 대학 졸업 후 회사 경험을 해보라는 엄마의 권유로 온
라인 편집숍에서 4년간 MD로 일한 후 2015년 거주지인 대구에서 마마
랜스 스튜디오를 오픈했다.

누구나 쉽게 뜨는 디자인

우리 엄마란 뜻의 마이 마더(My mother)와 영단어 중 가장 좋아하는 랜
드스케이프(Landsacpe, 풍경)를 합친 이름인 마마랜스 스튜디오는 그 의
미처럼 엄마와 풍경에서 가장 많은 영향을 받는다. 개인이 운영하는 니
트웨어 브랜드의 제작자로 즐겁게 일하는 엄마를 보며 자란 이하니 씨는
'나도 엄마처럼 살고 싶다'는 마음을 품었다. 그리고 자연과 함께하는 여
행을 좋아하다 보니 편안한 디자인을 추구하게 되었고 색감도 자연 또는
풍경을 소재로 한 미술가의 그림에서 영감을 얻는다. 이는 그가 선보이는
니트웨어 디자인과 만드는 방식에서도 엿볼 수 있다. 마마랜스 스튜디오

의 홈페이지를 통해 직접 디자인한 도안과 실을 판매하는데, 이를 알리기 위해 찍어 올린 사진 또한 편안하고도 자연스러운 분위기를 살린 패션 화보 같다.

　　이하니 씨가 디자인한 니트웨어는 대바늘뜨기의 가장 기본인 겉뜨기와 안뜨기만 할 수 있으면 누구나 시작할 수 있다. 대부분 직선적인 디자인이라 콧수를 줄이고 늘리고, 패턴을 이해하며 연결해야 하는 어려움도 덜하다. 이러한 단순한 기법이 자칫 옷을 밋밋하게 만들고 작업하는 내내 지루함을 느낄 수도 있지만 마마랜스 스튜디오 디자인의 도안 패키지는 그럴 걱정이 없다. 여러 색실을 합사해 만든 마마랜스만의 실은 전체적인 톤 앤드 무드는 있지만 똑같은 색은 없다. 주조색에 다른 여러 가지의 보조색 실을 합사해 만들기 때문에 한 단 한 단 뜰 때마다 색감이 미묘하게 달라진다. 예를 들어 주조색이 네이비 컬러인 색실을 선택해 뜬다 하더라도 보조색으로 들어간 버건디나 오렌지 컬러가 더 눈에 띄게 드러날 수도 있다. 같은 색이더라도 여러 채도의 색실을 섞어 사용하기도 한다. 그래서 뜨는 내내 변주되는 색실을 보는 것만으로도 지루할 틈이 없다. 누구나 쉽게 도전할 수 있는 쉬운 기법으로 단순한 형태의 니트웨어를 만들지만 누구 하나 똑같을 수 없는 옷이 탄생된다는 것이 마마랜스 스튜디오 디자인의 특징이다. 옷은 피부에 직접 닿는 만큼 천연 성분의 실을 주로 사용한다. 포근한 느낌의 캐시미어, 앙고라, 울을 선호하며 이탈리아, 영국 등을 비롯해 동대문에서 구입한 실을 함께 합사한다. 특히 유럽에서 수입한 실은 명품 브랜드에서 한 해의 컬렉션이 끝난 후더 이상 사용하지 않는 실을 들여오는 것이다. 명품 브랜드에서 사용된만큼 품질이 우수한데, 다음 시즌을 위해 폐기처분되어야 하는 것이 아깝기도 하고 이는 자연환경에도 좋지 않다고 생각했다. 그래서 이를 유

[1]

[1] 마마랜스가 주로 사용하는 실과 배색한 컬러 실들
[2] 때론 여러 색의 양모를 직접 배색하고 빗질하며 실을 만들어내기도 한다.

용하게 사용할 수 있도록, 좋은 실을 합리적 가격으로 제공할 수 있도록
다른 실과 합사해 마마랜스 스튜디오만의 낱볼 실을 만든다. 마마랜스의
실을 사용하면 평범한 형태도 말 그대로 '오직 하나뿐'인 결과물로 만들
수 있다.

쉽게 뜰 수 있고 변주되는 색실의 재미 때문인지 마마랜스 스튜
디오의 도안을 자주 구입하는 사람들이 있다. 반복적으로 눈에 띄는 주
문자의 이름이 확인될 때면 이하니 씨는 전화를 건다. "지난번에 구입한
도안 패키지는 어디까지 진행했나요? 구입한 것은 꼭 완성하길 바라요."
"여러 개의 옷을 작업 중이신 것 같은데, 완성하고 다음에 구입하시는 건
어떨까요." 이런 그의 전화가 누군가에게는 괜한 간섭일 수도, 또는 관심
으로 느껴질 수도 있는데 이하니 씨는 이왕이면 예쁘게 완성해서 꼭 입고
다니길 바라는 마음에서 연락한다. 하나하나 완성하며 느끼는 성취감과
만족감, 직접 만들어 입는 재미를 마마랜스 스튜디오를 좋아하는 사람들
이 모두 느끼길 바라서다.

엄마는 나의 친구이자 가장 큰 스승

브랜드 이름에 마마를 사용할 만큼 엄마는 이하니 씨에게 매우 중요한
존재다. 자신이 좋아하는 것과 삶의 방향을 또래보다 일찍 결정할 수 있
었던 데에도 엄마의 영향이 컸다. 니트웨어 브랜드에서 제작자로 일하는
엄마의 모습을 어깨너머로 바라보며 실 한 줄만 바뀌어도 전혀 다른 인
상의 디자인이 되는 것을 경험했다. 손뜨개도, 니팅머신을 다루는 법도
엄마에게 배웠다. 무엇보다 일하는 엄마의 모습이 즐거워 보였다. 그래

서 엄마의 일을 따라 하고 싶었다. 졸업 후 공방을 오픈하기 전 취업을 했던 것도 엄마의 조언 때문이었다. 혼자 일하더라도 체계적이면서도 융통성 있게 움직이려면 사회생활을 해봐야 한다고 말이다. 어차피 니트웨어 디자인은 평생의 업이라 생각해 서두를 필요가 없었고 엄마의 조언이 일리가 있다고 생각했다. 그래서 온라인 편집숍에서 MD로 일했다. 4년간의 회사 생활은 마마랜스 스튜디오를 준비할 때 큰 도움이 됐다. 이름을 만들고 로고를 디자인하며 라벨을 만들고 패키지를 준비하는 것, 블로그를 만들어 자신이 추구하는 방향을 보여주는 것, 홈페이지를 통해 상품을 보여주고 사진을 찍고 고객을 응대하는 이 모든 것이 그리 어렵지 않게 진행됐다.

　　하지만 직장에 다닐 때와는 달리 안정적인 수입이 없다는 건 그를 불안하게 만들었다. 그래서 가장 친한 친구이자 큰 스승인 엄마에게 고민을 털어놨다. 그러자 엄마는 따뜻한 위로 대신 이렇게 말했다. "브랜드 하나가 만들어지고 빛을 발하기까지 최소 10년이 걸려. 꼴랑 2년 해놓고 무슨 욕심을 부리는 거니." 이 말이 어찌나 큰 위안이 되는지. 이런저런 고민이 많은 이하니 씨와 달리 엄마는 늘 덤덤하다. 또 한 번은 디자인 카피에 대한 고민을 털어놨다. 소셜미디어를 통해 검색이 쉬워지면서 디자인을 도용당하는 일이 왕왕 생긴다고. 그러자 엄마는 또 덤덤하게 혜안을 내놓는다. "너만의 기술을 가지고 있으면 오래 버틸 수 있어. 그리고 오래 버티는 자가 이기는 거야. 남의 것 신경 쓰지 말고 네 방식대로 열심히 하면 언젠가는 사람들이 알아줄 거야. 그때 그것이 진짜 네 것이 되는 거야."

　　부모의 말 한마디, 행동 하나가 자녀의 생각과 인생을 바꾼다는 말이 있다. 이하니 씨 곁에는 늘 친구이자 스승이 되어주며 몸소 일의 즐

거움을 보여주는 엄마가 곁에 있기에 느리지만 단단하게 마마랜스 스튜
디오만의 이야기를 끌고 나가는 것 같다.

마마랜스만의 감성을 느낄 수 있는 공방 정문

따뜻하면서도 자유분방한 분위기가 나는 마마랜스의 공방

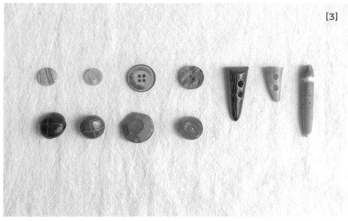

[1] 다양한 텍스타일 기법을 활용하며 여러 가지를 시도 중이다.

[2] 이하니 씨가 주로 사용하는 바늘들

[3] 마마랜스의 니트웨어와 어울리는 단추들

[1]

[2]

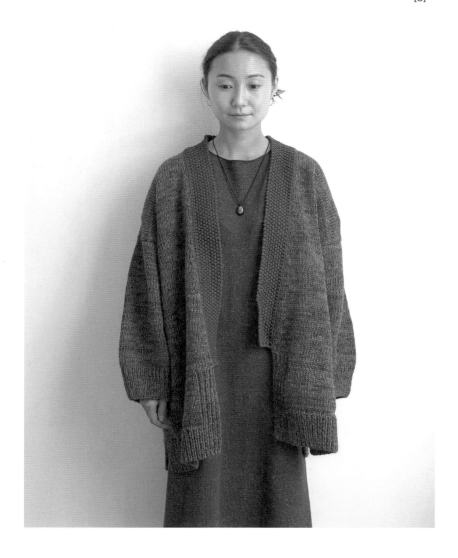

[1~2] 여름에는 가볍게 나시로, 그 외 계절에는 긴팔과 함께 스타일링하기 좋은 뷔스티에
[3] 남녀 모두에게 인기 좋은 마마랜스의 하오리 카디건

옷, 액세서리 등에 따라 부착하는 마마랜스의 라벨들

영감을 주는 여행 사진과 아이디어 스케치가
벽에 붙어 있는 작업 공간

수공예의
제작 시스템을
고민하는

패션 브랜드

Instagram @knithama

니트하마 (정지윤 · 조주연)

오래전부터 옷과 패션은 사람들의 주요 관심사 중 하나였다. 이에 발맞춰
패스트 패션이 등장했고 트렌드에 따라 의류를 생산하고 유행이 급격하게
변하면서 더 이상 입지 않게 되는 옷이 늘어났다. 그러자 짧은 주기로
대량으로 생산 · 판매되고 버려지는 패션 산업으로 인해 여러 문제점이 나타나기
시작했다. 바로 저렴한 가격 형성을 위해 제3세계 노동자에 대한 노동 착취와
버려지는 옷감으로 인한 쓰레기 문제. 이러한 문제점은 패션디자인을
전공한 정지윤 씨와 조주연 씨에게 충격으로 다가왔다. 패션 산업에 대한
회의감과 함께 빠름보다 바른길은 무엇인지에 대해 고민하다 선택한 것은
손뜨개였다. 실부터 패턴, 제품디자인까지 창의성과 자율성이 요구되는
편물디자인에 매력을 느낀 것도 있지만 대량생산에 반하는 수공예의 가치와
매력에 깊이 공감했다. 자신이 좋아하는 패션과 수작업을 결합한 문화를
만들고자 시작한 브랜드 니트하마는 공정한 제작 시스템이란 무엇인가에
대해 깊이 고민하는 브랜드다.

패션 브랜드 이미지에서 비롯된 오해

온라인에서 물건을 구입하는 일이 생활화되면서 브랜드는 제품의 이미지를 어떻게 보여줄 것인가에 더 많은 에너지를 쏟기 시작했다. 특히 SNS가 브랜드 홍보의 주요 채널이 되면서 이미지를 만드는 일이 더 중요해졌다. 이제는 1인 창작자도 기업 브랜드 못지않은 개성 있는 사진과 디자인을 선보이는 시대, 잘 만든 네트백 하나로 성공한 니트하마는 남다른 이미지 연출력으로 SNS에서 인기를 모은 브랜드다.

　　니트하마 인스타그램의 이미지만 보더라도 브랜드가 추구하는 분위기가 무엇인지 쉽게 추측할 수 있다. 마치 패션 카탈로그 같다. 국적 불명의 외국인 모델이 슬립 드레스 또는 포멀한 팬츠 수트에 무심하게 니트하마 백을 걸친 이미지는 그 자체만으로도 멋이 있다. 패션 브랜드가 룩북을 통해 보여주는 톤 앤드 매너와 환상을 파는 방식과 비슷하다. 이는 여느 국내 손뜨개 브랜드에서는 보기 드문 방식이었다. 하지만 니트하마를 만든 지윤 씨와 주연 씨에게는 특별한 일이 아니었다. 패션디자인을 전공한 그들에게 화보를 활용해 브랜드의 무드를 보여주는 방식은 당연한 것이었다. 1960~70년대 활동한 영화배우 샬롯 램플링과 제인 버킨 등 자신들이 좋아하는 유명인을 뮤즈로 설정하는 것, 인스피레이션 이미지를 통해 브랜드의 무드를 보여주는 것, 스타일링과 생활 속 연출을 보여주며 활용법을 알려주고 감성을 전하는 것 등이 패션 브랜드에서는 으레 하는 것이다.

　　자유분방하면서도 멋스러운 니트하마의 이미지를 좋아하는 사람들이 많아지며 브랜드는 금세 인스타그램에서 유명해졌다. 2017년 5월에 첫선을 보인 네트백은 여름을 준비하는 패션인들에게 관심을 받으며 순식간에 솔드 아웃되었다. 하지만 이내 패션 브랜드 같은 이미지로 생긴 오해가 그들을 괴롭혔다. 뜨개를 해본 사람이라면 짜임새만 보더라도 니트하마의 가방이 일일이 손으로 만들어졌다는 것을 알지만 패션 브랜드로 인식한 사람들은 대량생산품이라고 여겼다. 흔히 패션 브랜드는 공장에서 뽑아낸 상품이라고 생각하니까. 니트하마가 첫 번째 네트백을 선보인 지 1년도 채 안 돼서 해외 패션 에이전시로부터 러브콜을 받았음에도 거절한 이유, 여러 브랜드가 내민 손을 잡지 못한 이유도 여기에 있다. 패션 유통 업계에서 기본적으로 제공되어야 하는 물량과 지윤 씨와 주연 씨가 온 힘을 다해 만들 수 있는 개수의 간극이 너무 컸다. 소비자와 생산자가 원하는 시간의 속도도 달랐다. 소비자는 온라인 숍에서 주문하면 즉각 배송되는 다른 브랜드처럼 바로 받아보고 사용하길 바랐다. 하지만 제작부터 포장까지 모든 것을 일일이 수작업으로 해야 하는 니트하마는 최소 2주의 시간이 필요했다. 결국 니트하마는 프로세스의 문제점을 인지하고 브랜드 론칭 4년 만에 잠시 걸음을 멈추고 배움을 위해 유학을 선택했다.

메이커 문화를 만들기 위해 시작한 브랜드

2017년에 첫선을 보인 셀리아 네트 백을 시작으로 비노 네트 백, 알마 스퀘어 백 등의 패션 가방으로 주목을 받은 니트하마는 사실 판매를 목적으로 활동을 시작한 것은 아니다. 패션디자인을 전공한 지윤 씨와 주연 씨는 만들기에 관심이 많았다. 학과 수업 중 편물디자인에 흥미를 느낀 것이 계기가 됐는데, 만들어진 직물을 활용해 옷을 만들기보다 실부터 패

[1~4]
브랜드만의 무드를
보여주고자 만든
니트하마의 패션 카탈로그와
패키지디자인

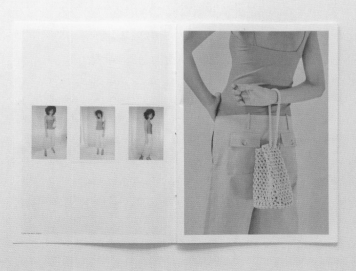

턴, 크기 등을 직접 고르고 디자인하고 만들어 완성해 나가는 편물디자
인의 '과정'에 더 매력을 느꼈다. 여기에 패션 산업에 대한 회의감도 한몫
했다. 저임금 노동자들의 근무 환경, 대량생산된 후 쉽게 버려지고 쓰레
기가 되어가는 과정과 이로 인한 환경 문제를 보며 패션 '산업'은 자신이
원하는 길이 아님을 확신하게 됐다. 졸업 후 지윤 씨는 수공예의 재미를
느끼게 해준 뜨개를 좀 더 깊이 알고 싶어 공방에서 3년간 자격증 공부를
한 후 손뜨개 작업의 매력을 전하고자 니트하마를 만들었다. 옆에서 지켜
보던 연인 주연 씨는 재밌게 작업하는 지윤 씨의 영향으로 자연스럽게 손
뜨개에 관심을 갖게 됐고 니트하마의 든든한 동업자가 되었다.

　　2015년 겨울, 손뜨개를 젊은이들의 놀이 문화로 만들겠다는 의지
하나로 의기투합한 지윤 씨와 주연 씨는 소상공인 대출을 받아 집 근처에
오피스텔을 구해 작업실을 오픈했다. 그리고 문화에 관심 있는 카페에서
원데이 클래스를, 작업실에서 정규반을 운영했다. 그리고 1년쯤 되었을
까. 뜨개를 통해 메이커 문화를 만들고 싶었던 지윤 씨와 주연 씨의 가슴
한편에서 디자이너의 본능이 자라기 시작했다. 무언가를 만들어 소비자
의 반응을 보고 싶었다. 고민은 바로 실행으로 옮겨졌다. 자아실현을 위
해 집 근처에 있던 잠실 오피스텔을 정리하고 평소 좋아하던 동네인 한남
동에 작업실을 구했다. 좋아하는 곳에서 지금 당장 하고 싶은 일을 하기
로 니트하마의 방향을 바꿔보기로 했다.

제작 시스템에 대한 고민

니트하마의 제품을 만들어 사람들에게 판매하기로 결심한 이후 반년 가

니트하마만의 자연스러운 무드가
돋보이는 작업 공간

량을 작업실에서 네트백을 연구했다. 개인적으로 좋아하는 아이템이어야
자신 있게 소개할 수 있을 것 같았다. 하지만 쉽지 않았다. 만들수록 어렵
고 자신감이 없어졌다. 기존 뜨개 시장에 네트백 도안이 워낙 많이 공유
되기도 하고 사람들이 쉽게 만들어 쓰는 아이템이기도 했기 때문이다. 좀
더 다른 디테일, 적당한 늘어짐, 환경에 해가 되지 않는 소재 등 니트하마
만이 보여줄 수 있는 무드를 찾기 위해 노력했다. 그러던 중 니트하마의
인스타그램을 통해 작업 과정을 지켜보던 패션 브랜드 뮤제드에서 자신
이 주최하는 마켓에 참여해달라는 연락이 왔다. '우리 것을 지켜보는 사
람이 있었다니!' 누군가 니트하마의 제품에 관심을 갖고 있었다는 것만으
로도 힘이 났다. 소비자의 반응을 보고 싶어 물건을 만들기 시작했으니
더 이상 겁을 먹거나 시간을 지체하면 안 되겠다는 생각도 번쩍 들었다.
마켓을 통한 첫 판매는 성공적이었다. 이후 뮤제드 마켓이 기폭제가 되어
니트하마의 온라인 숍을 준비했다. 브랜드로서 갖춰야 할 요소들을 하나
하나 챙겨 나갔다. 니트하마의 제품디자인은 지윤 씨가 도맡아 하되 제
작은 주연 씨와 함께했다. 평소 그래픽디자인과 사진에 관심이 많은 주연
씨는 로고디자인, 패키지디자인, 룩북 기획 등을 비롯해 브랜드 운영에 필
요한 전반적인 시스템을 관리했다. 이렇게 각자 역할을 분리하고 존중하
기까지 1년 넘는 시간 동안 치열하게 싸우기도 했지만 서로 잘하는 분야
를 인정하고 믿으면서 각자의 부족한 부분을 메꿔주고 조언해 주는 든든
한 동업자가 되었다.

　　온라인 숍을 오픈한 후 그동안 니트하마의 제품을 기다린 사람이
많았다는 것을 알게 됐다. 한 달 내내 꼬박 둘이서 네트백에 올인해 만들
어낼 수 있는 수량은 100여 개인데 주문이 그 이상을 한참 넘어섰다. 잠
잘 시간을 줄여가며 만드는 데 시간을 모두 투자했지만 역부족이었다.

손목에 이상이 생겨 작업을 중단할 수밖에 없는 상황도 왔다. 만들기에 급급해 고객 응대를 할 시간도, 그다음 디자인을 생각할 여유도 없었다. 제작 시스템과 운영 전반에 문제가 있다는 것을 발견했다. 그렇다면 모든 것을 둘이서 해결하기보다 오트쿠튀르 공방 같은 개념으로 제작 시스템을 정비해 보기로 했다. 이왕이면 실버 세대의 인력을 활용해 일자리를 창출하고 고용 문제를 해결하는 의미 있는 일을 해보고 싶었다. 복지관을 통해 50~60대 지원자들을 받은 후 패션 산업의 저임금 노동환경에 반대하는 만큼 공정한 임금과 환경을 제공하기 위해 수개월간 노력했다. 하지만 결과는 만족스럽지 못했다. 공방 장인처럼 자부심을 갖고 일하기를 바라는 것이 욕심이었던 걸까. 자신이 가진 뜨개 기술을 특별하게 생각하지 않는 것, 완성도 면에서 타협을 하려는 점에서 자꾸 부딪혔다. 결국 실버 세대와의 의미 있는 협업은 덧없는 꿈이 되어 날아갔다.

제작 문제가 해결되지 못한 채 브랜드 운영은 지속됐다. 패션 브랜드가 시즌마다 새로운 컬렉션을 보여주듯 니트하마도 때마다 조금씩 다른 디자인의 가방을 선보였다. 자신들이 추구하는 수공예의 가치를 전하고자 국내 장인의 작품을 SNS에 소개하기도 했다. 니트하마가 많은 아이템을 선보인 것은 아니지만 그만의 확신에 찬 디자인으로 새로운 컬렉션마다 주목을 받았다. 그리고 계속 국내를 넘어 해외에서도 입점 제의가 들어왔다. 그런데 그것이 결국 니트하마의 발걸음을 멈추게 했다. 시장에서 원하는 것과 니트하마가 할 수 있는 것의 차이를 인정하고 돌아보니 브랜드라고 할 수 있는 시스템이 여전히 잡혀 있지 않다는 것을 깨달았다. 의식의 흐름대로 좋아하는 것을 좇아 상황에 맞춰가며 브랜드를 운영한다면 언젠가는 모래성처럼 한순간에 무너질 날이 올 것이라는 두려움을 느꼈다.

[1~2] 제작을 분업화한 니트하마는 네트백의 전체 형태는 지윤 씨가 만들고
디테일한 마감은 주연 씨가 담당한다.

2020년 봄 오랜 고민 끝에 지윤 씨와 주연 씨는 스웨덴의 공예학교로 유학길에 올랐다. 자발적으로 고립 생활을 하며 전통과 공예 문화를 깊숙이 체험할 수 있는 곳에서 2년여 간의 시간을 보내기로 결심했다. 그렇다고 니트하마의 문을 닫은 것은 아니다. 유학 또한 니트하마를 만들며 생긴 고민의 해결 방안으로 선택한 것이기에 발전된 모습으로 돌아와 더 나은 브랜드의 꼴을 만들어 보이고 싶다. 제품을 홍보하고 판매하던 니트하마의 인스타그램은 그들이 스웨덴에서 생활하는 동안 새롭게 알게 된 이야기나 공유하고 싶은 정보를 전하는 매체의 역할로 전환되었다.

니트하마처럼 의구심과 함께 방황을 하게 되는 날이 찾아온다면 처음으로 돌아가 온전히 자신만의 시간을 가져볼 필요가 있다. 잠시 멈추고 돌아보는 시간이 필요한 순간을 아는 것은 더 멀리 앞을 내다볼 줄 아는 사람만이 할 수 있는 일이다. 니트하마가 돌아올 날을 기대하며 조용히 기다리는 이유이기도 하다.

[1]

[2]

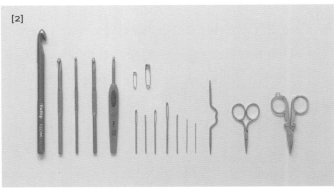

[3]

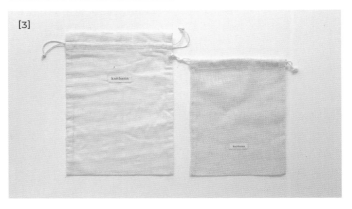

[1~4] 니트하마가 주로 사용하는
실과 도구, 네트백을 포장할 때
사용하는 파우치

[4]

[1~2] 니트하마에서 선보인 대표 디자인들

[1]

[1~2] 니트하마는 라피아, 리넨, 마 등 자연에서 얻은 소재를 추구한다.

내 삶이
밝아지는 일

Blog blog.naver.com/aknitstudio   **Instagram** @aknitstudio

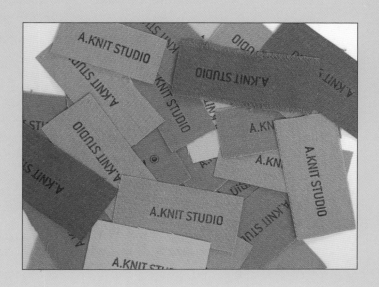

#패브릭얀   #아이옷뜨기   #엄마와아이옷
#뜨개전용바늘케이스   #손뜨개전용파우치   #수납파우치브랜드

에이니트 스튜디오 (김원)

직업을 선택할 때 가장 중요한 것은 무엇일까?
좋아하는 것이 일이 되면 행복할까? 연봉이 많으면 만족할까?
안정감을 주는 것이 좋은 직업일까? 시대의 흐름에 따라 일과 직업에
대한 생각은 변한다. 유망 직종, 인기 직업에 대한 생각도 바뀌고
특정 직업이 사라지기도 한다. 에이니트 스튜디오의 김원 씨는
오래전부터 직업의 선택 기준을 '사람'으로 두었다. 함께하는 사람이
누구냐에 따라 직업의 만족도 달라질 수 있다고 믿었다.
그래서 선택한 직업이 니터다. 작은 것을 이루면서도 행복을 느끼는
사람, 재미를 좇는 사람들을 만나는 일을 하고 싶었다.

직업은 누구를 상대하느냐의 선택

어릴 적 김원 씨는 부모님이 일을 나가면 할머니와 시간을 보냈다. 폐지 줍는 일을 하는 할머니가 모아온 책을 뒤적이던 다섯 살 김원 씨의 눈에 띈 것은 손뜨개 책이었다. 책에 담긴 무늬와 손동작들이 어린 그의 눈에 무척 예뻐 보였다. 집에 있는 실을 가지고 책에 나온 손 모양을 따라 하며 놀던 김원 씨를 본 어머니는 어린 딸과 함께 시장에 갈 때면 장을 보는 동안 그를 뜨개방에서 놀게 했다. 전통시장 한쪽에 있던 작은 뜨개방 사장님이 김원 씨의 첫 번째 뜨개 선생이 돼주었다.

　미술에 재능을 보이던 김원 씨는 손재주를 살려 미술대학 조소과에 입학했다. 기계 다루는 것이 흥미롭고 수업도 재밌었다. 하지만 점점 작품의 규모가 커질수록 여성이 혼자 하기는 버거운 일이 되겠다는 생각이 들었다. 시간과 능력을 유연하게 쓸 수 있는 직업을 찾고 싶었다. 대학 졸업 후 생각의 전환이 필요해 3개월간 뉴욕 여행을 떠났다. 한글 떼는 것보다 겉뜨기·안뜨기를 먼저 배운 그에게 뜨개는 일상이었다. 여행을 하며 니팅 숍에 들르거나 강습받는 일이 당연했다. 뉴욕 여행에서도 마찬가지였다. 그런데 이번에는 조금 달랐다. 어떤 직업을 가져야 할지 고민하던 시기의 그에게 뉴욕 니팅 숍 투어는 다른 의미로 다가왔다. 니팅 숍을 찾은 사람들의 얼굴이 하나같이 밝고 서로 무엇을 만들지 의견을 나누며 들뜬 표정이 김원 씨에게 특별하게 다가왔다. 직업을 선택할 때 어떤 사람과 함께 일을 할 것인지, 누구를 상대로 할 것인지가 중요하다고 생각해 온 그는 오래전부터 취미를 찾는 사람을 상대하는 직업이라면 삶이 밝아질 수 있겠다는 생각을 막연하게 해왔는데, 뉴욕에서의 니팅 숍 투어가 그 막연함에 또렷한 답을 내주었다.

2012년 여행을 마치고 한국으로 돌아온 그는 니팅 스튜디오를 준비하기 위해 시장조사를 하던 중 '청년창업 SMART 2030' 프로그램을 알게 됐다. 기획안이 통과되어 10평 정도의 사무실과 재료를 구입할 수 있는 지원금을 받았다. 올 어바웃 니트(All about Knit)라는 의미를 담아 에이니트 스튜디오라고 이름 짓고 기획안에는 취미를 찾는 젊은이들이 시간과 돈을 아끼지 않는다는 사회 현상을 언급하며 취미 시장에 대한 무궁무진한 가능성을 설명했다. 그중에서도 '뜨개는 올드한 것'이라는 인상을 감각적인 디자인을 통해 인식을 개선시키겠다는 포부를 담았다. 색감과 소재를 조금만 달리해도 180도 다른 결과물이 나오는 것이 뜨개의 매력이라는 것을 알리고, 기술보다 디자인 중심의 뜨개 브랜드를 만들어 누구나 쉽게 접근하고 흥미를 가질 수 있도록 하는 것이 그의 목표였다.

재미가 가장 중요해

무언가를 배울 때 가장 중요한 것은 재미를 느끼는 것이다. 재미가 있어야 집중할 수 있고 지구력도 생기고 결과물도 손에 쥘 수 있다. 뜨개 정규 과정을 밟아본 적 없는 김원 씨가 누군가를 가르칠 만큼 실력을 쌓을 수 있었던 것도 재미를 느끼며 끈기 있게 실험과 실패를 반복해 완전히 자기 것으로 습득했기 때문이다. 재미를 가장 중요하게 생각하는 김원 씨는 어떻게 하면 사람들이 뜨개에 흥미를 가질 수 있을까 고민했다. 특히 처음 뜨개를 접하는 사람은 얇은 실로 뜨는 것을 어려워하는 데다 뜨고 풀기를 반복하다 보면 실이 낡아지고 완성까지 시간이 오래 걸려 성취감을 느끼지 못해 금세 싫증을 내기도 한다. 두툼해서 빠르게 형태가 나

[1] 직접 개발한 실과 수업에 필요한 실을 판매했던 에이니트 스튜디오

[2] 지금과 같이 패브릭얀이 보편화되기 전 김원 씨는 직접 원단을 자르고
이어 붙이며 패브릭얀을 만들어 사용했다. 이를 활용해 누구나 쉽고 빠르고 재밌게
가방을 만들 수 있도록 도왔다.

[2]

올 수 있는 실, 그래서 흥미를 유발할 수 있는 실, 계속 떴다 풀어도 변형이 적은 실이 필요했다. 그러던 중 우연히 1990년대 일본 뜨개 책에서 패브릭얀을 발견했다. 지금이야 영국의 뜨개 브랜드 울앤더갱의 패브릭얀이 한국에 소개되며 유명해졌지만 김원 씨가 수업을 준비할 당시만 해도 국내에서 찾아보기 어려웠다. 결국 직접 원단을 고르고 늘어짐과 오염도 등을 실험한 후 가늘게 자르고 하나하나 잇고 돌돌 감아 패브릭얀을 만들었다. 직접 만든 여러 색깔의 패브릭얀으로 가방과 파우치 등을 만들어 네이버 블로그에 선보였다. 이를 본 사람들이 알음알음 에이니트 스튜디오의 수업을 신청하며 이름이 알려지기 시작했다. 신기하게도 20대 후반이던 김원 씨의 또래들이 스튜디오를 찾았다. 비슷한 취향을 가진 또래가 모여 좋아하는 것을 함께 하는 시간이 즐거웠다. 다양한 분야에서 일하는 사람들이 찾아와 들려주는 이야기를 통해 새로운 세상을 알게 되는 재미도 있었다. 그가 직업을 정할 때 가장 중요하게 여겼던 것, 삶이 밝아지는 일이 현실이 된 것이다.

수업 시간에 김원 씨가 강조하는 것은 '천천히'이다. 시간과 횟수가 정해져 있다고 급하게 서두르기보다 편안한 마음으로 천천히 완성을 목표로 하는 것을 추구한다. 사실 수강생의 사정에 따라 정해진 시간이나 횟수를 넘기기도 하는데, 그런 것은 김원 씨에게 중요하지 않다. 강습은 뜨개를 좋아하는 다양한 분야의 사람들과 어울리기 위한 수단이자 김원 씨가 하고 싶은 것을 시도해 보는 실험의 장으로 활용하는 것뿐이다. 예를 들어 여러 선택지를 주었을 때 사람들은 어떤 것을 좋아하는지 살펴보거나 수강생이 들고 온 새로운 시안을 가지고 함께 공부를 해볼 수도 있고 영문 뜨개 책 한 권을 함께 번역하며 저자이자 작가의 특징을 파악해 보는 등 수강생들을 통해 자신도 공부할 수 있는 시간을 가질 수 있다

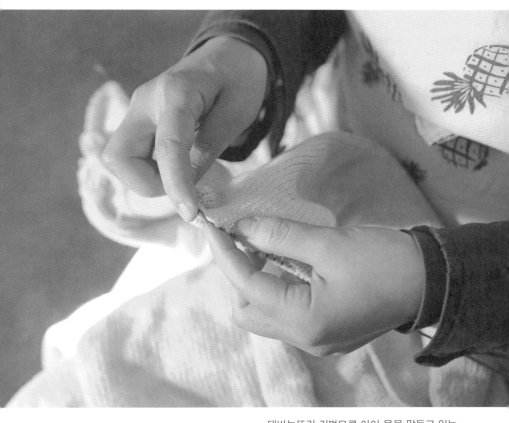

대바늘뜨기 기법으로 아이 옷을 만들고 있는
김원 씨의 작업하는 손

고 생각한다. 에이니트 스튜디오는 수강생의 실력을 기준으로 수업을 진행하는 것이 아니라 흥미 위주로 배워나가는 것을 중요하게 여긴다. 코잡기를 할 줄 모르더라도 원하는 것을 뜨고 완성할 수 있도록 돕는다. 실수로 도안과 다른 무늬가 나왔더라도 그 또한 반복하면 자기만의 독특한 무늬가 되는 것이라고 설명한다. 뜨개는 과정에서 변형될 수 있는 요소가 많다. 같은 도안이더라도 힘에 따라, 소재에 따라, 해석에 따라 달라질 수 있다. 여러 변수와 변형 들을 재미있게 받아들일 수 있도록 안내하는 것이 에이니트 스튜디오의 수업 특징이다.

경험에 따라 변하는 관심사

손뜨개를 하다 보면 멋대로 굴러다니는 실을 쓰기 편하게 담을 수 있는 바구니나 바늘을 한눈에 보기 좋게 정리할 수 있는 파우치 등의 주변 사물이 필요하게 된다. 물론 이러한 물건들은 이미 기존 뜨개 브랜드에서 제품으로 출시했고 취향에 따라 골라 쓰면 된다. 하지만 김원 씨는 자신이 원하는 물건을 직접 제작해서 쓰고 싶은 욕심이 있다. 소재에 대한 호기심도 많고 직접 만들어 써보며 아쉬움을 해결해 나가는 것이 즐겁다. 손뜨개 양말의 형태를 고정할 수 있는 양말 블로커, 여러 색상의 실볼을 꺼내 쓰기 편하도록 공간을 나눈 디자인의 니팅백, 바늘 길이별로 수납하기 편리한 파우치 등을 만든 이유도 이러한 호기심에서 비롯됐다. 패브릭 얀을 직접 만들어 사용했던 것처럼 자신이 원하는 것이 있다면 생각에서 머무르지 않고 더 발전시키기 위해 실행한다.

　　20대 후반에 스튜디오를 시작한 김원 씨는 시간이 흘러 어느덧 두

아들의 엄마가 되었다. 그리고 자연스럽게 관심사가 아이 옷으로 옮겨갔다. 아이 옷은 특히 소재에 민감할 수밖에 없어 캐시미어를 주로 사용하지만 성인 옷을 만들 때보다 실 소요량이 3분의 1 정도밖에 되지 않아 부담이 적다. 크기가 작아 완성하기까지의 시간도 짧아 성취감을 빨리 느낄 수 있는 것도 장점이다. 옷을 뜨는 동안 아이에게 입힐 모습을 상상하며 기대감을 갖는 것도 기분 좋다. 아이에게 직접 의견을 물어보기도 하고, 아이가 자신의 옷이 완성되어 가는 모습을 지켜보며 엄마의 일에 흥미를 갖기도 한다.

아이 옷을 만들 때는 최대한 기본에 충실하려고 노력한다. 시간이 흘러도 질리지 않을 디자인이 바로 기본에 충실한 디자인이기 때문이다. 처음에는 슬림한 형태를 선호했지만 아이를 키우며 직접 입혀보니 오버핏의 디자인이 활용도가 높다는 것을 알게 됐다. 생각보다 아이는 쑥쑥 자라 몸에 딱 맞게 입히면 한 계절을 겨우 나기 때문에 애써 만든 옷이 아까워질 수 있다. 움직임이 많은 아이들의 옷을 입고 벗기기 쉽도록 세세한 부분에도 신경을 쓴다. 점프 수트의 어깨 부분을 끈으로 쉽게 여밀 수 있도록 마감하거나 청키 스타일의 카디건으로 보온성을 높이기도 한다. 엄마와 아이가 커플 룩으로 입을 수 있는 카디건 패키지는 에이니트 스튜디오의 인기 아이템이다.

아이가 있다는 것은 작업 외에도 많은 것을 변화시켰다. 아이와 함께 정원이 있는 집에 살아보고 싶다는 꿈을 실현하고자 거주지를 파주로 옮기고 2층 전원주택을 지었다. 2층은 생활 공간이고 1층은 작업실이다. 이후 코로나19의 영향으로 자연스럽게 망원동의 에이니트 스튜디오는 문을 닫게 됐다. 그렇다고 뜨개에 손을 놓은 것은 아니다. 사람들과 함께하는 수업은 문을 닫았지만 여전히 뜨개를 하며 지금은 니터들의 든든한 조력자가 되고자 뜨개에 특화된 파우치를 만들고 있다. 바늘이나 마커링 등 손뜨개에 필요한 자잘한 물건을 효율적으로 수납할 수 있는 파우치로, 니터 개개인의 니즈에 맞춰 맞춤형 주문 제작도 하고 있다. 전자상거래 앱을 통해 미국, 일본, 캐나다 등에서도 판매될 만큼 김원 씨의 파우치는 꽤 인기가 있다. 지금은 미싱을 밟으며 니터를 위한 케이스를 만드는 데 집중하고 있지만 조만간 생활 공간과 분리할 수 있도록 집 옆에 작은 작업실을 지을 계획이다. 지난날처럼 뜨개를 좋아하는 사람들과 삼삼오오 모여 따뜻하고 즐거운 이야기를 나누며 작업할 날을 그리며 말이다.

자신이 좋아하는 것을 좇으며
직접 만들기를 선호하는 김원 씨는
아기를 낳은 후에는 주로 아이 옷을 만든다.

다양한 물건이 가득한 에이니트 공간

김원 씨는 손뜨개 외에도
니팅머신, 라탄공예, 미싱 등 관심 분야가 다양하다.

직접 만든 뜨개 바늘 파우치

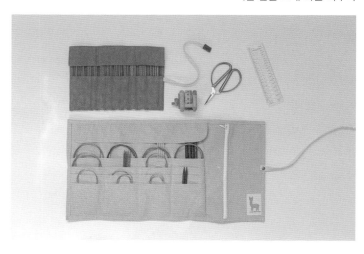

3

[1~3] 김원 씨가 디자인하고
만든 손뜨개 아이 옷

김원 씨가 디자인하고 만든 손뜨개 아이 옷

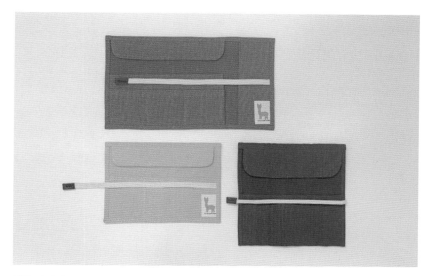

직접 디자인하고 만들고 판매하는 뜨개 바늘 파우치

아이 양말이라면 작고 귀여워
성인 양말을 만드는 것보다 재밌다.

슬로우 핸드 (박혜심)

특정 문화가 오랜 시간 사랑받으며 건강한 생태계를 이루려면 이를 즐기고
좋아하는 사람이 많아야 하는 건 당연한 얘기. 그런데 아이러니하게도
관련 제품의 판매량이나 출판물만 살펴봐도 뜨개를 좋아하는 사람은 많은데
니터의 작품 시장 가격에 대해서는 다소 냉소적이다. 그래서 대부분의 니터가
작품을 만들어 팔기보다 창작 도안을 만들어 판매하거나 기법을 알려주고
따라서 완성해 볼 수 있는 수업을 진행하며 수익을 만든다. 마이크로 크로셰로
자연물을 만드는 니터 박혜심 씨는 지금의 이러한 시장을 불평하기보다
기존의 니팅 클래스와는 다른 결의 수업을 선보이며 자신만의 방식으로 작품을
만들어 판매한다. 이익을 우선으로 하기보다 좀 더 멀리 앞을 내다보며
니터로서 오래 작업하기 위한 환경을 만드는 데 관심이 많다.

Instagram @mymyslowhand

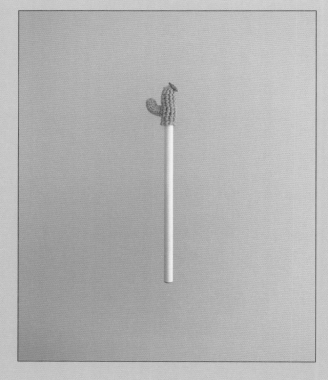

치밀한
작업자이자
넓은 아량의
안내자

#손뜨개클래스 #맞춤형
#소규모클래스 #마이크로크로세

새로운 세상에 눈 뜨게 하는 안내자

아직 국내에서는 손뜨개 물건에 대한 사람들의 인식이나 가격이 야박한 탓에 많은 니터들이 클래스를 운영하며 공방을 유지한다. 기존 클래스의 커리큘럼을 살펴보면 대부분 하나의 완성품을 보고 그에 따른 소재와 기법 등을 익히는 방식으로 진행된다. 한 클래스당 적게는 2~3명, 많게는 8명의 수강생을 모집하고 한 달에 몇 회 이상 정기적으로 열어야 공간 운영비와 재료 구입비 등을 위한 수익을 만들 수 있다.

하지만 박혜심 씨의 클래스는 다르다. 실과 바늘을 잡는 법, 뜨기의 기본을 익히고 나면 다양한 책을 보면서 뜨고 싶은 도안을 골라 함께 만들어 나간다. 특정 스타일을 따라가거나 정해진 커리큘럼을 바꿀 수 없는 일반적인 수업과 달리 자유도가 높다. 뜨개를 기술로 보기보다 원하는 물건을 만들기 위한 매체의 개념으로 접근한다. 트렌드에 맞는 도안을 찾고 흥미를 이어가게 하는 것이 클래스를 여는 니터의 역할이라고 생각한다.

그래서인가 자신이 만들고 싶은 물건과 스타일이 확고한 사람들이 그를 찾는다. 직업도 디자이너, 에디터, 전시 기획자, 편집숍 매니저 등 수공예나 디자인 분야에 친숙한 사람들이다. 수업의 자유도가 높은 만큼 수강생들이 원하는 디자인과 도안도 다양하다. 만들고 싶은 것을 만들되 그 단계에서 익혀야 하는 기법이나 발전할 수 있는 부분을 체계적으로 짚고 넘어가는 것이 혜심 씨의 수업 방식이다. 각자 배워야 하는 것이 다른 만큼 한 명 한 명 꼼꼼히 지도할 수 있도록 1대1 수업을 지향한다. 1세트에 4회를 기본으로 하며 수강료는 12만 원, 1회당 2시간 동안 수업이 진행된다. 장소는 수강생들의 생활 지역에 맞춘 동네 카페다. 일정하게 머무는 공간이 없어 수업이 있을 때마다 책과 도구 등을 한아름 안고 다녀야 하는 불편함이 있지만 공간 유지비에 대한 부담감이 없어 마음은 한결 가볍다.

　　비슷한 편물디자인이더라도 유럽, 일본 등 나라마다 조금씩 뜨기 과정이 다르고 도안 디자이너에 따라 새로운 기법이 등장하기도 한다. 이때 자신이 해오던 익숙한 방법으로 안내할 수도 있겠지만 혜심 씨는 그때마다 새롭게 등장한 기법을 해결하기 위해 시간을 투자하고 연구한 후 수강생에게 알려준다. 이러한 그의 가르침 방식은 사실 기존의 뜨개 클래스와 비교한다면 비효율적일 수 있다. 4회 수강권에 대한 유효 기간이 없어 한 달 수입이 불규칙하고 수강생에 따라 장소를 옮겨 다녀야 하는 것도 고려하면, 한 명에게 들이는 공이 꽤 크다. 전업 니터로서 좀 더 안정적인 생활을 하기에 이같은 수업 방식이 지치지 않을까 염려도 되지만 도리어 그는 "도장 깨기를 하는 듯한 재미와 성취감이 있다"고 한다. 선생이라면 학생이 모르는 것을 해결해 주어야 하고, 자신이 몰랐던 부분이라면 공부해서 알아내야 하는 것이 기본이라고 그는 말한다. 수강생이 들고 온 도안 중 모르는 부분이 나올 때면 마치 미션을 받은 듯한 기분인데, 이를 터득했을 때 그만큼 자신의 실력도 늘게 되어 뿌듯하다고.

　　혜심 씨는 이윤을 따지며 계산하기보다 한 사람이 뜨개의 세계로 입문했을 때 자신을 통해 재미를 느끼고 좀 더 깊이 빠질 수 있도록 흥을 북돋아 주는 안내자가 되고 싶은 마음이 더 크다. 한 명 두 명 천천히 조금은 느리더라도 사람들이 오랜 시간 깊이 있게 뜨개를 좋아할 수 있도록 한다면, 뜨개를 좋아하는 사람이 많아지고 그 가치를 알아주는 이가 지금보다 더 늘어난다면, 니터의 생명력도 자연스럽게 연장되리라고 믿는다.

특기는 마이크로 크로셰

애니메이션과 도예를 전공한 그는 졸업 후 취업을 했지만 손으로 무언가를 만드는 것을 좋아해 혼자서 꼼지락 꼼지락 손바느질을 했다. 그러다 막연하게 실과 바늘만 있으면 될 것 같은 뜨개에 관심을 갖게 됐다. 지금처럼 클래스가 대중화되기 이전 혜심 씨가 뜨개를 배울 당시에는 대부분 실 가게에서 재료를 사야 방법을 알려주는 식이었다. 당연히 속 시원한 해결책을 얻기에는 부족했다. 원하는 것을 표현하기 위해서는 기법을 익히는 것이 중요했고 무엇보다 아마추어 실력에서 벗어나고 싶었다. 그러다 뜨개를 전문적으로 배울 수 있는 기관에 들어갔다. 1년 과정을 등록해 배웠지만 수업 내용이 만족스럽지 못했다. 결국 독학을 시작했고, 자신이 수업을 들으며 겪은 불편함을 다른 사람이 겪게 해서는 안 된다고 생각해 지금과 같은 자유로운 방식의 수업이 탄생됐다. 여러 가지 방법으로 한 기법을 뜰 수 있는데 굳이 한 과정만 고집하지 않는 것, 불필요한 단계를 없애는 것 등 융통성 있는 커리큘럼이 그의 수업 특징이다.

　　2011년부터 3년가량을 독학하다 지인 공방의 한 파트로 뜨개 수업을 시작했지만, 4년간 클래스가 진행되던 공방이 문을 닫게 되며 자신의 수업 또한 자연 소멸될 줄 알았다. 그래도 함께했던 수강생들의 마무리는 해줘야겠다는 생각에 카페에서 조금씩 수업을 열었는데, 자연스럽게 지인들의 소개가 이어져 지금껏 수업을 이어나가고 있다. 20대였던 수강생이 30대가 되고, 결혼을 하고 아이가 탄생되기까지 과정을 지켜볼 만큼 오랜 시간 함께한 사람도 있고 몇 년 쉬었다가 다시 돌아오는 이도 있다. 언제든 뜨개가 하고 싶을 때 편하게 찾을 수 있는 사람이 되면 좋겠다고 늘 생각하는 혜심 씨의 바람을 알기에 한번 인연을 맺은 이들은 그

[1] 혜심 씨의 작업은 퀼트실로 세밀하게 작업하는 마이크로 크로셰 기법이 특징이다.

[2] 일본 뜨개 서적 보기를 좋아해 일본어도 공부했다.

를 다시 찾는다.

　　수업을 통해 코바늘, 대바늘 가리지 않고 다양한 기법과 결과물을 보여주고 있지만 혜심 씨를 대표할 수 있는 건 마이크로 크로셰다. 가느다란 퀼트 실로 액세서리를 만드는 전업 작가이기도 하다. 토끼풀 팔찌와 반지, 민들레꽃 브로치, 은방울꽃 모빌, 작은 나무가 있는 자석, 네잎클로버 책갈피, 도토리 모양 공깃돌, 버섯 오너먼트, 선인장 연필캡 등 자연을 모티프로 디자인한 물건을 만든다. 차고 넘치는 아름답고 멋진 물건들 사이에서 나름의 작업 기준을 정하는 것이 중요하다고 생각해 뜨개와 잘 어울리고 이야기를 담을 수 있는 것이 무엇일까 고민한 끝에 자연을 주제로 한 시리즈가 탄생됐다. 그 시리즈의 시작은 토끼풀 액세서리다. 전주에서 어린 시절을 보내고 고등학생 때 서울에 올라온 그가 그리운 시간 중 하나가 엄마가 어릴 적 만들어 준 토끼풀 반지였다. 도시 아이들에게는 다소 생소한 이야기일 수 있지만, 그 경험을 모르는 아이들에게는 자연과 함께하는 소소한 재미를 알려줄 수 있고 지금의 어린 친구들에게는 과거의 향수를 알려줄 수 있는 매개체가 될 수도 있겠다고 생각했다.

　　그렇게 탄생된 토끼풀 반지와 팔찌, 귀걸이를 비롯해 가느다란 실을 엮어 표현한 그의 자연물에서는 유난히도 오랜 시간과 인내가 느껴진다. 조금씩 실과 바늘의 굵기를 줄여가며 수많은 시간을 들이고 연습했을 그의 모습이 그려지기 때문이다. 손바닥 안에 올라오는 작고 가벼운 물건이지만 이것을 표현하기까지의 시간은 절대 작고 가볍지 않다.

시장에서 팔리는 물건이란

혜심 씨는 판매에 관심이 많다. 판매를 해서 수익을 내는 것도 중요하지
만 그보다 그에게 판매가 되었다는 의미는 자신의 이야기에 공감을 해주
었다는 답변에 더 가깝다. 값을 지불하고 구입을 한다는 것은 적극적 관
심의 표현 중 하나이기도 하다. 작품을 만들던 초기에는 사람들의 반응
을 살펴보고 싶어 공예트렌드페어나 핸드메이드코리아페어, 플리마켓 등
오프라인 중심의 행사에 참여해 직접 판매를 했다. 판매를 위한 물건을
조금씩 만들기 시작할 무렵 편집숍 오브젝트, 생활창작 가게 키, 온라인
공예품 숍 아이디어스, 소생공단 등에 입점했다. 대부분 그의 수강생들이
연결해 준 곳이다. 그의 수강생이었던 에디터가 소생공단의 객원 에디터
가 되며 입점을 제안했고 그곳의 매니저가 생활창작 가게 키로 이직하며
혜심 씨를 연결했다. 조금씩 오프라인에 노출이 잦아지며 오브젝트에서
도 제안이 들어왔다.

　　생활 공예품을 중심으로 한 매장들인 이곳의 주요 소비 연령층은
2030세대다. 물건을 만들고 가격을 책정할 때 매장의 주요 소비자층을
고려하지 않을 수 없다. 그렇다 보니 가격이 아무리 비싸도 5만 원을 넘
지 않는다. 도토리 팽이 6000원, 토끼풀꽃 팔찌 1만 9000원, 민들레꽃
브로치 2만 9000원, 은방울꽃 모빌 3만 8000원 등 최저임금과 물가 등
을 고려한다면 가격이 소극적이다. 1000원, 2000원이 별거 아닌 것처
럼 보이지만 특히 대학생들이 즐겨 찾는 곳에서는 작은 가격 차이에도 거
리감을 느낄 수 있다. 그래서 혜심 씨는 이익을 내기보다 손해를 보더라
도 사람들이 쉽게 구입하고 많이 쓰일 수 있도록 가격을 책정한다. 자신
의 물건이 전시품처럼 자리를 지키고 있는 것보다 누군가에게 쓰임이 있

[1]

[2]

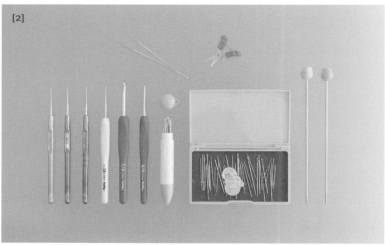

[1~2] 혜심 씨가 주로 사용하는 실과 바늘

는 존재가 되는 것을 보며 원동력을 얻는다. 손으로 무언가를 만드는 행위 그 자체가 즐거워서 시작했지만 판매도 되어야지 자기만족으로 그쳐선 안 된다. 그에게 뜨개는 단순한 취미가 아닌 생계니까.

사실 전업 작가가 되기로 마음먹은 해의 한 달 수익 목표는 100만 원이었다. 일반 직장인의 월급과 비교한다면 큰 금액이 아니지만 그마저도 채우기가 어려웠다. 그럴 때마다 자괴감이 들기도 했다. 그래도 좌절하기보다 좋아하는 일을 좇기 위한 기본값이라고 스스로를 설득시켰다. 팽이와 공깃돌을 만들며 동심을 좋아한다는 것을, 호기심 또한 많은 사람이라는 것을, 뜨개를 통해 자신의 내면을 들여다볼 수 있게 되었으니 이보다 더 의미 있는 수확이 어디 있겠냐고 자신을 설득했다. 불규칙한 수익과 불안정한 나날이 오랜 시간 지속되었지만 그럼에도 포기하지 않고 작업을 꾸준히 하다 보니 어느샌가 새로운 기회가 찾아왔다. 최근에는 그의 오랜 수강생이었던 한 사람이 패밀리 콘셉트의 온라인 스토어를 오픈하며 컬래버레이션을 제안했다. 엄마와 아이가 커플로 함께할 수 있는 모자, 가방, 목도리를 만든다. 브랜드가 홍보와 패키지, 판매 등을 도맡아 하는 덕에 혜심 씨는 디자인과 만들기에만 집중할 수 있게 됐다. 일러스트레이터 지인과는 간단한 뜨개 기법을 활용해 다양한 형태를 만들어 볼 수 있는 작은 책을 준비 중이다. "1000원을 벌어도 내가 원하는 일을 하면서 버는 것이 더 의미 있다"는 소신 하나로 10년 넘는 시간을 버텨온 그에게 이제 해 뜰 날만이 남아 있다.

[1~4] 어릴 적 추억을 소환시키는 손뜨개로 만든 공깃돌과 팽이

[1~3] 어릴 적 엄마가 만들어준 꽃반지와 팔찌에서 시작된 혜심 씨의 작업들

[2]

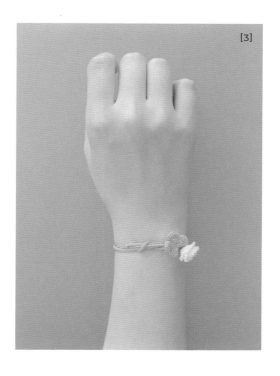

[3]

[1~2] 자연을 모티프로 만든 키링과 코스터
[3] 섬세한 작업자의 손길이 느껴지는 마이크로 크로셰 기법으로 만든 액세서리들

퀼트 실을 레이스코바늘로
섬세하게 떠낸 재스민 스티치 합
(사진 제공: 더니트클럽)

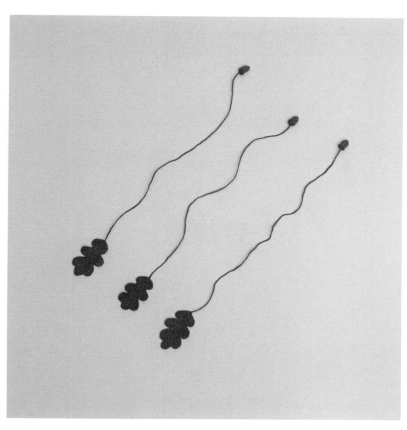

도토리와 잎사귀를 모티프로 만든 책갈피 겸 팔찌
(사진 제공: 더니트클럽)

#뜨개가방 #코바늘뜨기 #기본과응용 #완제품 #온라인패키지상품

Instagram @nanas_basket

나나스바스켓 (이현주)

니터들에게 가장 인기 있는 아이템을 하나 꼽으라면 아마도
가방일 것이다. 기본 기법만 알아도 다양한 형태와 크기를 만들 수 있고
소재의 사용도 자유로우며 짧은 시간 안에 결과물을 완성할 수 있다.
또한 실용적이고 들고 다니며 자랑하기 좋다. 계절마다, 옷에 따라
분위기에 맞게 하나둘 뜨다 보면 금세 쌓이는 것이 손뜨개 가방이다.
나나스바스켓의 이현주 씨도 코바늘뜨기의 매력을 알게 된 이후 손뜨개
가방을 만들었다. 그저 재밌어서 시작한 취미 생활이었는데 어느새
그의 가방이 입소문을 타고, 도안과 완성품을 구입하고자 하는 사람들이
생겨났다. 한번 시작하면 깊이 몰입하고 꾸준히 기록하는
이현주 씨의 습관과 노력이 취미 생활을 제2의 직업으로 만들었다.

열정적
취미 생활이
만든
제2의 직업

취미 생활이 직업이 되기까지

취미란 즐기기 위해 하는 일이다. 그래서 취미가 직업이 되면 더 이상 즐길 수 없게 된다는 말이 있다. 하지만 취미가 적당한 소득을 만들어준다면 더 깊이 몰입하고 즐기게 되는 동력이 되기도 한다. 나나스바스켓의 이현주 씨는 순수하게 좋아서 열심히 하던 취미가 직업으로 연결되어 자신의 이름으로 책을 내고 쇼핑몰까지 열게 된 경우다. 그 시작은 손바느질이었다.

은행원이던 현주 씨는 직장 생활을 하며 테디베어 만들기 강사 자격증을 땄다. 어려서부터 만들기를 좋아한 그는 취미로 초급부터 시작한 테디베어 만들기가 재밌어서 한 단계씩 과정을 밟다 보니 자신도 모르는 사이 마스터반까지 올랐다. 결혼 후 임신을 하며 10년 넘게 다니던 직장을 그만둔 후 배 속 아이가 딸이라는 걸 알게 되면서 손바느질로 아기 옷을 만들었다. 바느질하는 엄마들 사이에서 딸아이는 필수라고 할 만큼 아이가 성장할수록 만들어줄 수 있는 옷가지가 많아지며 그 재미에 더 깊이 빠져든다고 한다. 현주 씨도 그랬다. 스커트, 원피스, 블라우스 등 잠잘 시간이 아까울 만큼 딸을 생각하며 옷을 만드는 바느질 시간이 즐거웠다. 침대 위에 눈을 감고 누우면 눈꺼풀이 도화지가 되어 내일 만들 옷이 그려질 정도였다. 매일 하나씩 완성된 옷을 잘 기록하고 싶고 누군가와 공유하고 싶고 자랑도 하고 싶어서 2007년 나나스바스켓이란 이름을 짓고 네이버 블로그를 개설했다. 그 기록을 본 패브릭 전문 쇼핑몰 네스홈이 현주 씨에게 브랜드의 서포터즈가 되어달라고 연락해왔다. 일정 금액 안에서 패브릭을 제공받을 수 있고 신제품도 받아 쓸 수 있는 네스홈의 제안을 거절할 이유가 없었다. 출산 후 아기를 돌보는 일이 힘들긴

하지만 바느질이 숨 쉬는 것처럼 중요했고 즐거웠다. 그러한 취미 생활이 있어서 산후우울증에 걸릴 시간도 없었다. 결과물이 나올 때마다 꾸준히 블로그에 기록하니 나나스바스켓을 구독하는 이웃이 늘면서 도안이나 완성품 구입 문의가 들어오기 시작했다. 사람들의 반응을 보며 그때 처음 '만들기가 수익으로 연결될 수 있구나'를 알았다.

점점 사람들의 문의가 많아지며 블로그와 쇼핑몰을 구분해야 할 필요를 느꼈다. 구매자 입장에서 블로그를 보면 어떤 것이 판매하는 것인지, 또는 패키지인지, 그저 기록용인지 구분이 어려울 것 같았다. 문의에 대한 답변을 일일이 해야 하는 번거로움도 있었다. 쇼핑몰을 준비하던 무렵 출판사의 제안으로 『엄마와 아이가 함께 입는 원피스 만들기』 실용서를 출간하게 됐다. 2012년 우연히도 서적 출간과 함께 쇼핑몰을 오픈하며 나나스바스켓의 팬층은 더욱 두터워졌다. 그렇게 옷 만들기에 몰입하던 현주 씨이지만 첫째 아이가 초등학교 고학년이 될수록 바느질의 재미는 점점 줄어들었다. 친구들과 어울리며 운동복 입기가 더 좋아진 아이에게 직접 만든 옷을 강요할 수 없었다. 그러던 차 지인들과의 모임에서 코바늘뜨기를 접했다. 예전에도 코바늘뜨기를 한 번 배워볼 기회가 있긴 했지만 그땐 자신과 전혀 맞지 않다고 생각했다. 미싱으로 원단을 한 줄 드르륵 박으면 완성되는 봉제와 달리 한 땀 한 땀 콧수를 세어가며 단을 맞춰야 한다는 것이 현주 씨에겐 쉽지 않았다. 그런데 이번에는 좀 다르게 느껴졌다. 친구가 가르쳐준 짧은뜨기로 한 코 한 코 콧수를 모아 팔다리와 몸통, 머리를 만들자 어느 순간 인형이 완성된 걸 보니 신기했다. 콧수들이 딱딱 맞아떨어질 때면 희열감이 느껴졌다. 그러자 코바늘뜨기를 본격적으로 해봐야겠다는 생각이 들어 기법부터 단계별로 관련 서적을 구입해 독학해 나갔다. 특히 몇 시간만 투자하면 완성할 수 있고 다양한 디자인으로 응용 가능한 가방 뜨기에 푹 빠졌다. 자신이 직접 만든 옷과 쉽게 매치할 수 있는 아이템이면서도 실용적이고, 같은 형태이더라도 실의 소재와 색깔에 따라 전혀 다른 인상을 주는 가방 뜨기가 늘 새롭게 느껴졌다. 의도한 건 아니지만 무의식적으로 재미를 좇다 보니 가방만 뜨게 되었다.

그 무렵 소셜미디어의 흐름은 네이버 블로그에서 인스타그램으로 넘어갔고 현주 씨도 자연스럽게 인스타그램을 활용해 코바늘 뜨개 가방을 기록했다. 특히 비주얼이 중요한 인스타그램에서 나무 가구와 빈티지 소품으로 스타일링한 그의 가방 사진은 감성적이면서도 컬러감이 돋보이게 그려졌고, 사람들을 팔로잉하게 만들었다. 게다가 손바느질로 이미 8000여 명의 블로그 이웃이 있던 그이기에 인스타그램에서도 금세 뜨개 분야의 인플루언서가 되었다.

모방과 지독한 연습이 낳은 새로운 디자인

손재주가 남다른 현주 씨는 미술이나 공예, 디자인을 전공하지 않았다. 기초부터 차근차근 제대로 배운 것은 사립 교육 기관에서 배운 테디베어 만들기가 전부다. 이를 기반으로 옷을 만들 때는 패턴을 제공하는 일본 서적을 교재 삼아 독학했다. 몇 차례의 반복 연습 끝에 하나의 패턴이 익숙해지고 나면 취향에 맞게 고치고 싶은 부분이 생긴다. 주머니의 형태를 조금 다르게 해서 위치를 옮겨보고 목선, 허리선, 암홀 등의 디자인을 수정해 보는 등 자신에게 어울리도록 조금씩 바꾸다 보면 어느새 직접 디자인하고 패턴을 그릴 수 있게 된다. 그렇게 몇 년간 모방을 통한 응용과

기본 디자인과 마감에 충실한 옷을 만들었을 때처럼
뜨개 가방도 기본에 충실한 디자인을 선호한다.

현주 씨의 생활 곳곳에서 발견한 손뜨개

변형, 수정된 디자인이 쌓이고 나면 자연스럽게 자신만의 분위기를 내는
옷을 만들 수 있게 된다.

　　코바늘 뜨개 가방도 옷 만들기처럼 수없이 반복되는 모방과 응용
그리고 연습에서 비롯되었다. 지인에게 배운 짧은뜨기를 바탕으로 서적
을 탐독하며 수없이 반복 작업하다 떠오른 아이디어를 모아 자기만의 방
식으로 또 다른 가방을 만들어나갔다. 어떤 스타일에도 무난하게 소화할
수 있는 기본 디자인과 마감에 충실한 옷을 만들었을 때처럼 뜨개 가방
도 기본에 충실한 디자인을 선호한다. 기본 스타일을 추구하다 보니 자
연스럽게 기법도 기본만 할 수 있으면 완성할 수 있는 가방을 만든다. 짧
은뜨기, 긴뜨기, 한길긴뜨기만 할 줄 알면 만들 수 있다는 것이 나나스바
스켓 디자인의 특징이다. 여기에 배색과 패턴 디자인을 조금씩 변형한 사
랑스러운 패턴들은 기본 형태를 바탕으로 하기에 더욱 돋보인다. 부자
재를 거의 쓰지 않는 바느질하던 때의 취향은 뜨개 가방을 만들 때도 고
스란히 반영되어, 여러 소재의 실을 응용하고 배색하는 것만으로 디자인
을 완성한다. 하나의 가방이 완성되면 도안과 실을 세트로 한 패키지 또
는 완제품을 꾸리는데, 완제품의 가격은 소재, 크기, 노동 시간 등에 따라
3만 원부터 9만 원까지 다양하다. 가급적 10만 원을 넘기지 않는 범위 내
에서 가격을 책정해 많은 이익을 남기기보다 누구나 쉽게 손뜨개 가방에
접근할 수 있도록 고려한다.

가족에게 존중 받는 뜨개 생활

현주 씨는 가끔 '나나스바스켓처럼 손뜨개로 브랜드를 만들고 싶다'며 조

나무 가구와 빈티지 물건들로 꾸민 벽면을 활용해 물건을 찍는다.

현주 씨가 주로
사용하는 실과 코바늘

언을 구하는 메시지를 받는데, 그럴 때면 큰 수익을 내지 못하고 있는 자신의 현실이 민망하다고 말한다. 그저 나의 일을 누군가도 함께 좋아하고 반응해 준다는 것이 삶의 활력이 되기에 오랜 시간 나나스바스켓을 끌고 나갈 수 있었던 것뿐이다. 여기에는 가족의 도움이 한몫한다. 별도의 작업실을 두지 않은 현주 씨를 위해 가족은 거실 한편에 책상 두 개와 수납장을 놓을 수 있는 공간을 내주었다. 큰딸은 자신의 방 한구석의 수납장까지 엄마에게 내주었다. 그래서 현주 씨는 가족이 함께하는 생활 공간이 어지럽혀지지 않도록 수납에 더 신경을 쓰고 매일 정돈을 한다. 한때는 작업실이 있으면 좋겠다는 꿈을 꾼 적도 있지만 좋아하는 일을 하며 가족을 보살피려면 시간 관리가 중요한데, 집을 작업실로 활용하면 이동 시간을 줄일 수 있고 응급 상황에도 빠르게 대처할 수 있어 여러모로 효율적이다. 아이들이 커갈수록 집에서 혼자 보내는 시간도 점점 늘어 작업실에 대한 미련은 사라졌다. 월세 부담도 없으니 일을 더 즐길 수도 있다. 대신 일과 생활을 균형 있게 가꾸어 나가는 것이 중요하다. 그러려면 집에서 일을 하더라도 출퇴근 시간을 정해야 한다. 그래서 월요일부터 금요일까지 남편의 출퇴근과 아이의 등하교 시간 사이를 근무 시간으로 정했다. 오전 9시부터 오후 3시 30분까지는 주문을 확인하고 배송 준비를 하며 도안 작업을 하거나 새로운 디자인의 뜨개 가방 만들기에 집중하는 시간이다. 그리고 오후 5시쯤부터 저녁 준비를 위해 거실 한편의 나나스바스켓에서 퇴근한다. 이러한 규칙적인 생활은 가족을 위한 것이기도 하지만 스스로의 삶을 돌보는 방법이기도 하다. 더불어 가족들의 말과 행동은 현주 씨의 자존감을 높여준다. 나나스바스켓 초기에는 생활비의 일부로 재료를 구입하고 작업을 했다. 그런 현주 씨에게 무심하게 던진 듯한 남편의 말은 큰 위로가 되었다. "당신이 좋아하는 일 하는 것 자체가

보약인 것 같으니 눈치 보지 말고 해." 딸들 역시 나나스바스켓의 작업을
단순히 취미로 보지 않고 엄마의 일로 존중하며 함부로 만지거나 달라고
떼쓰지 않는다. 어느 날 큰딸이 현주 씨에게 해준 말은 지금의 일을 더 사
랑하게 만들었다. "나는 엄마가 멋있다고 생각해. 은행원이었는데 지금은
자기가 좋아하는 일을 찾아서 또 다른 인생을 즐기며 살고 있잖아." 이러
한 가족의 배려와 존중은 현주 씨가 꾸준히 좋아하는 일을 하며 균형감
있는 삶을 살아갈 수 있도록 하는 데 큰 버팀목이 되어주고 있다.

거실 한편을 작업실로 꾸민 현주 씨의 공간

나나스바스켓의 라벨들

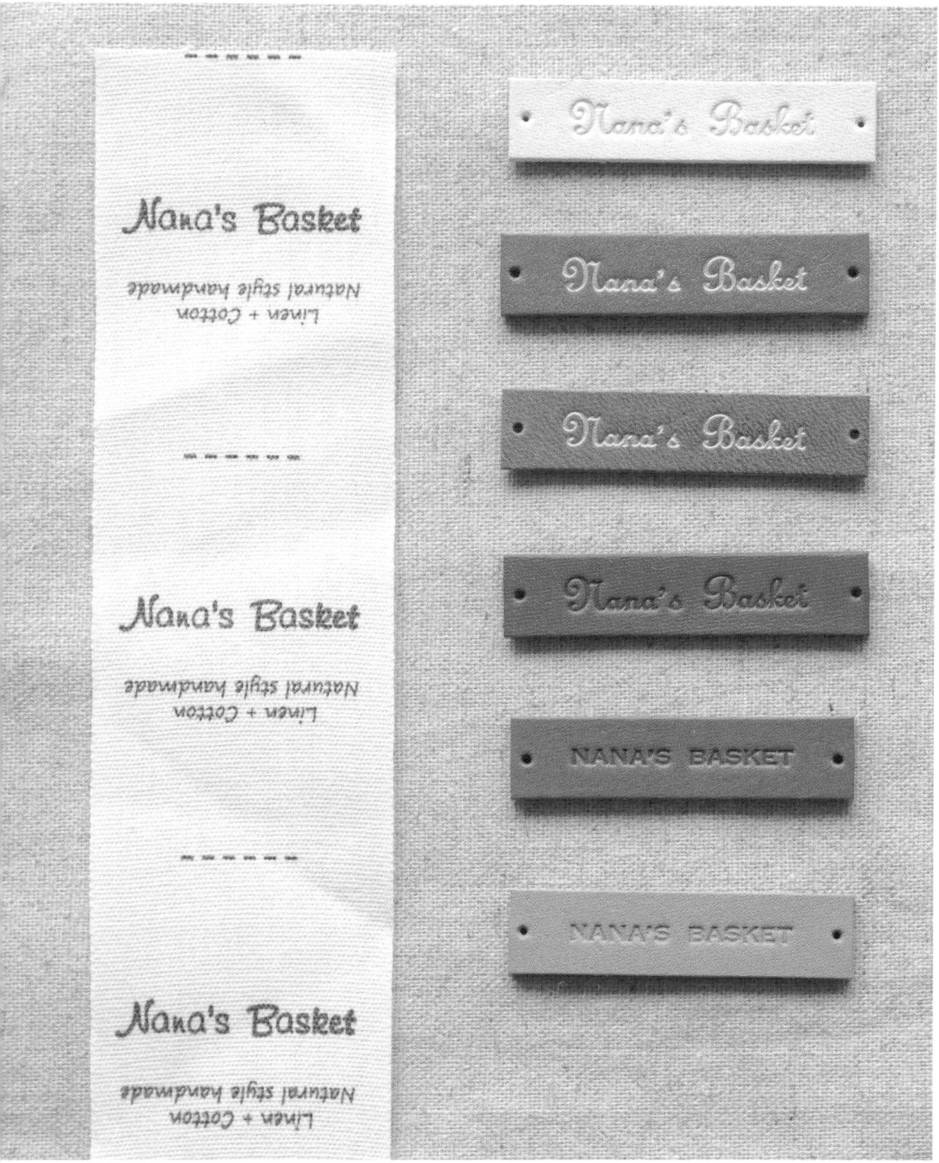

Nana's Basket

Natural style handmade
Linen + Cotton

Nana's Basket

Natural style handmade
Linen + Cotton

Nana's Basket

Natural style handmade
Linen + Cotton

Nana's Basket

Nana's Basket

Nana's Basket

Nana's Basket

NANA'S BASKET

NANA'S BASKET

[1]

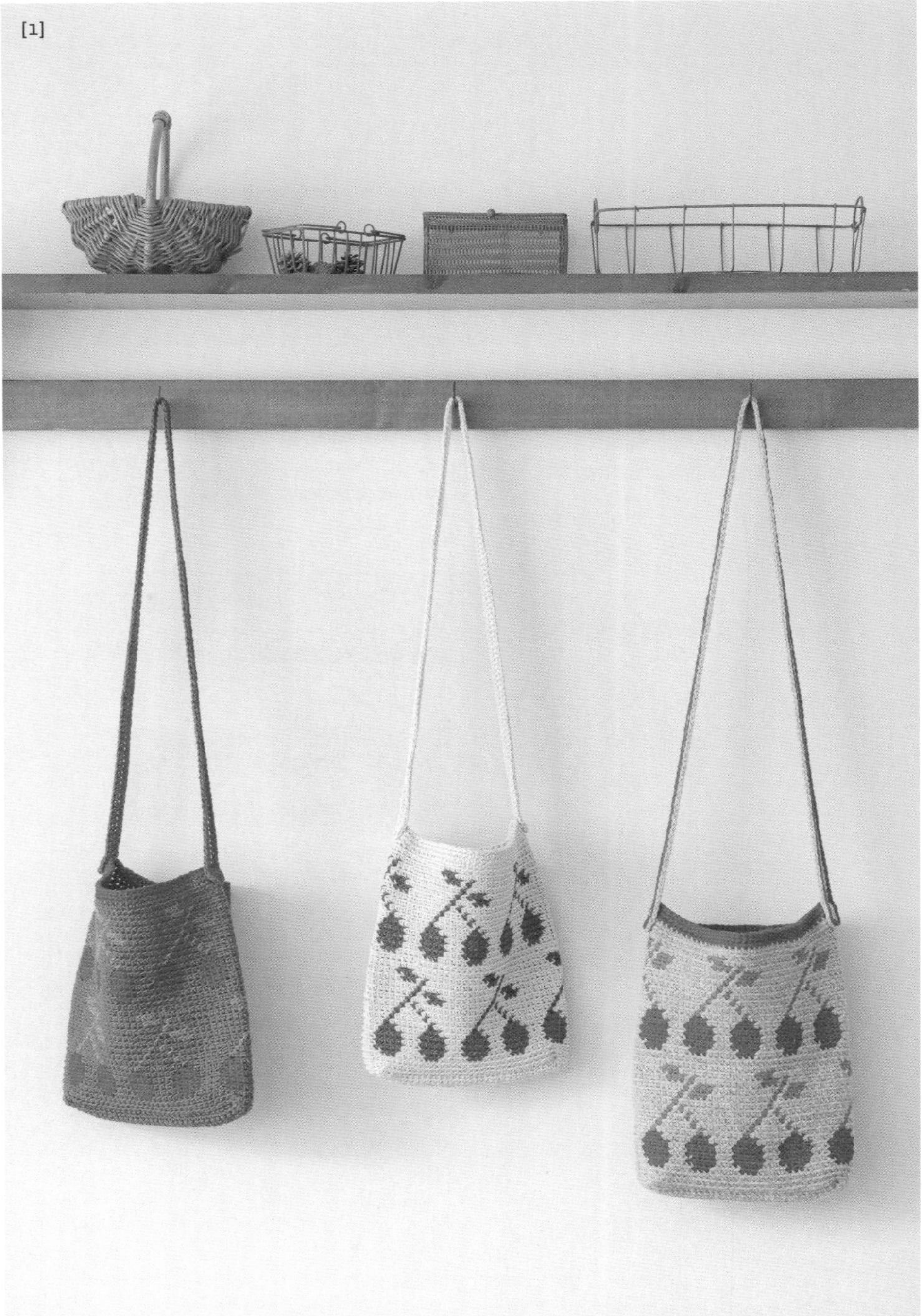

[1~3] 현주 씨가 디자인하고 만든 코바늘 뜨개 가방.
기본 기법에 다양한 패턴과 색을 사용하는 것이 특징이다.

[1]

[1] 이국적 배색이 돋보이는 투게더 토트백 (사진 제공: 이현주)
[2] 검은 고양이를 패턴화한 토트백과 크로스백 (사진 제공: 이현주)

온라인 강의

플랫폼을

활용한

Instagram @sieunmomcom

시은맘의 꼼지락 작업실 (황부연)

스마트폰의 보급과 함께 웬만한 정보는 온라인에서 얻기 시작했다.
그래서 오히려 일방적으로 쏟아지던 온라인 정보를 받아내야 하던 때가
있었다. 하지만 이제 우리는 어떤 온라인 플랫폼을 사용하느냐에 따라 원하는
정보를 선택할 수 있게 됐다. 대중부터 소수의 취향까지 다양하게 고려한
온라인 플랫폼들이 등장하기 시작한 것이다. 빠르게 변화하고 소통해야 하는
온라인 플랫폼은 사실 수공예 분야에서 받아들이기 어려운 부분이었다.
하지만 이젠 달라졌다. 시은맘 황부연 씨는 온라인 채널과 플랫폼을
똑똑하게 활용한 대표 니터다.

#코바늘뜨기 #창작인형 #클래스101

#마들렌인형 #인형옷만들기

클래스101에서 대박 낸 뜨개 인형 수업

스마트폰 시장의 발전과 함께 온라인 콘텐츠 시장도 성장했다. 다양한 온라인 플랫폼을 통해 정보를 손쉽게 얻고 공유하며, 집에서도 원하는 분야를 쉽게 배울 수 있게 됐다. 이같은 흐름으로 인해 대부분 대면해야만 가능했던 수공예 분야에도 많은 변화가 생겼다. 그 중심에 있는 브랜드가 온라인 강의 플랫폼 '클래스101'이다. 클래스101 수업의 공예 분야에서도 많은 부분을 차지하고 있는 것이 손뜨개다. 그중 수강생들의 폭발적 반응을 얻으며 클래스101의 '2019년을 빛낸 크리에이터'로 선정된 일명 '시은맘' 황부연 씨의 코바늘 뜨개 인형 수업은 소위 말하는 '대박'을 냈다.

　　인형과 의상, 소품 만들기까지 한 패키지로 묶인 그의 수업은 키링 액세서리로도 활용 가능한 앙증맞은 인형을 비롯해 여러 아이템을 곁들여 인형 놀이에 재미를 더할 수 있도록 구성한 것이 특징이다. 단순히 귀여운 형태나 표정의 인형이 아니라 상어 소녀, 공룡 소년, 서커스 사자 등 고유의 캐릭터와 이야기를 만들고 인형의 옷을 갈아입힐 수도 있다. 이는 놀이에 더 몰입하게 한다. 팔, 다리, 몸통, 머리를 모두 한 번에 뜰 수 있도록 만든 뜨개 방식과 별도의 보조물에 기대지 않고도 인형이 혼자 서 있을 수 있도록 고안한 디자인 또한 돋보인다. 여기에 조금만 집중하면 초보자도 쉽게 따라 할 수 있도록 만든 도안과 사랑스러운 컬러와 귀여운 이미지 연출 등이 시은맘을 인기 크리에이터로 만들었다. 클래스101에서 그의 수업을 '찜'한 회원 수만 약 7500명(2020년 9월 기준)이라는 점이 이를 증명한다. '코바늘에 코자도 모르던 초보자가 시은맘의 수업을 하나하나 좇아가다 보니 나만의 인형을 만들 수 있게 됐다'는 후기도 쉽게 발견된다.

시은맘은 "클래스101을 시작하면서 숨통이 트였다"며 주변 창작자들에게 클래스101을 적극 추천한다. 범계역 근처에서 손뜨개 인형 작업실을 운영한 지 5년이 조금 넘었지만 클래스101을 시작하기 전에는 겨우 공간 운영을 위한 현상 유지만을 해왔다. 하지만 클래스101을 통해 생각 이상의 돈을 벌기 시작했다. 온라인 수업을 오픈한 뒤 좀 더 넓은 평수로 작업실을 옮기게 됐고, 자신이 원하는 품질과 컬러의 실을 제작할 수 있게 되었으며 남편에게 과감하게 "원하면 회사를 그만두고 하고 싶은 일 찾아"라고 말한 것이 미안하지 않을 정도의 자신감과 수입의 안정도 생겼다. 사실 시은맘은 손뜨개 공방으로 돈을 번다는 것 자체가 굉장히 어려운 일이라 생각했다고 고백한다. 그저 자신이 좋아서 끌고 나간 것이었을 뿐, 마음 한편에는 늘 남편에게 미안함이 있었다.

회사 생활하며 얻은 노하우

자신만의 디자인과 이야기가 있는 것도 중요하지만 요즘 같은 이미지 소비 시대에 작품을 어떻게 연출하고 보여줄지 고민하는 것 역시 필수다. 시은맘은 이러한 시대의 흐름과 잘 맞았다. 시은맘 인스타그램에는 수 년간 모은 피겨린과 자신의 창작 인형을 연출해 찍은 귀여운 이미지들로 가득 채워져 있다. 이러한 이미지 연출이 시은맘의 인형을 더 매력 있게 한다. 의자에 앉아 책을 읽거나 산책을 하고 요리를 하는 인형들의 모습이 생동감 있다. 마치 생명이 있는 존재 같다. 누군가에게 보여주기 위해 연출하는 것이 아니라 시은맘의 일상 속에서 자연스럽게 함께 생활하는 인

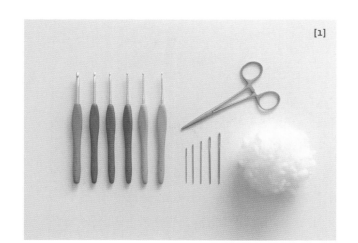

[1]

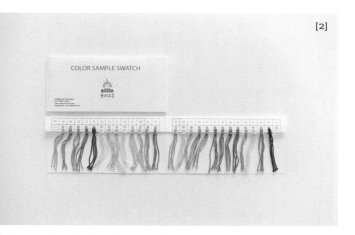

[2]

COLOR SAMPLE SWATCH

[3]

[4]

[1] 황부연 씨가 즐겨 쓰는 도구들
[2~3] 시은맘의 이름으로 생산되는 실들
[4] 클래스101에서 수업을 신청하면 실꾸러미와 도안이 이와 같은 패키지로 발송된다.

형의 모습이기에 더 생생하다.

전에 본 적 없던 형태와 방식으로 뜨개 인형을 디자인하고 어렵지 않게 이미지를 연출해 사진을 찍고 포토샵 보정까지 할 수 있는 이유는 그래픽디자이너로 10년 넘게 일한 덕분이다. 특별히 배우지 않고도 일러스트레이션 프로그램을 이용해 도안 그리기가 가능했고 인형 디자인과 이미지 연출, 클래스101 수업에 필요한 자료를 빠르게 준비할 수 있었던 데에도 그래픽디자이너로 일한 경력이 한몫했다. 일하며 쌓은 감각과 센스, 그리고 모아놓은 자료가 지금의 창작 인형 디자인에 바탕이 되기도 했다. 자료 수집을 하며 컴퓨터 폴더에 한가득 모은 일러스트레이션에서 인형의 형태나 이야기, 색감 등에 대한 아이디어를 얻었다. 그때부터 차곡차곡 구상해 온 디자인은 지금도 언제든 퍼다 쓸 수 있는 마르지 않는 샘물처럼 가득하다.

인스타그램 활동을 시작하기 전에는 포털 사이트 네이버 포스트에 창작 인형을 만들어 올렸다. 당시 네이버가 포스트 사업에 더 집중하고 있어 블로그보다 포스트 홍보에 더 적극적이라는 정보를 동료 디자이너를 통해 얻었다. 동료의 말대로 네이버 메인 화면에 블로그보다 포스트가 더 노출됐다. 포스트에 올린 인형 사진을 보고 사람들이 댓글을 달기 시작했다. 시은맘은 그때 댓글을 보며 자신의 뜨개 인형이 기존의 인형 디자인과 다르다는 것을, 사람들에게 호감을 얻을 수 있다는 것을 알게 됐다. 그렇게 조금씩 손뜨개 인형 마니아들 사이에서 시은맘의 존재가 알려졌고 수업을 해달라는 요청이 들어오기 시작했다.

그래픽디자이너 그만두고 손뜨개 인형 작가로 먹고살기

클래스101로 대박을 내기 전 근근이 공방을 유지하던 시은맘은 사실 유명 회사의 그래픽디자이너로 안정적인 삶을 살고 있었다. 캐릭터와 플래시 애니메이션 일을 했고 마지막에는 게임 회사의 UI(User Interface) 디자이너로 일을 했다. 한참 디자인 자료를 모으던 어느 날, 자신의 컴퓨터 화면에 있는 폴더를 열어보니 무의식중 모은 자료가 대부분 귀여운 캐릭터와 일러스트레이션이라는 걸 발견했다. 그러자 갑자기 '내가 하고 싶은 것이 따로 있는데 이런 마음으로 회사에 다니는 것이 맞나? 더 늦기 전에 일러스트레이터가 되고 싶다'는 생각이 꿈틀대기 시작했다. 결국 프리랜서 디자이너로 전향하고 마음속에 품어오던 일러스트레이터로서의 꿈을 펼치기로 했다. 하지만 좋아하는 마음만 있다고 해서 그 꿈을 펼칠 수 있는 건 아니다. 10년 넘게 일러스트레이터의 꿈을 품어왔지만 정작 그림을 그리지 않는 자신을 보고 반성하며 다시 좋아하는 일을 찾기 시작했다. 그러던 중 퀼트, 도자기 등의 취미 생활을 하다 손뜨개 인형을 접했다. 화면 속에서만 존재하던 캐릭터들이 만질 수 있는 무언가로 재탄생하는 것이 재밌었다. 하지만 당초 꾸준히 배우고 싶었던 코바늘뜨기 수업은 선생님의 출산으로 인해 한 달 만에 그만두게 되었다. 결국 코바늘뜨기 독학을 시작했고 인형 뜨는 재미에 빠져 거의 매일 밤을 샜다. 상상하던 캐릭터들을 모두 만들어보고 싶어 잠을 잘 수 없었다. 처음에는 볼품없어 보이던 인형들이 품질 좋은 면사로 바꿔 만들어보니 눈에 띄게 완성도가 높아졌다. 스스로 좋은 결과물을 만든 그때 '이걸로 먹고살아야겠다'는 생각이 들었다. 네이버 포스트를 통한 사람들의 반응을 보며 확신을 얻었다. 스스로 충분히 재미와 만족감을 느끼니 버틸 수 있겠다는 자신이 있

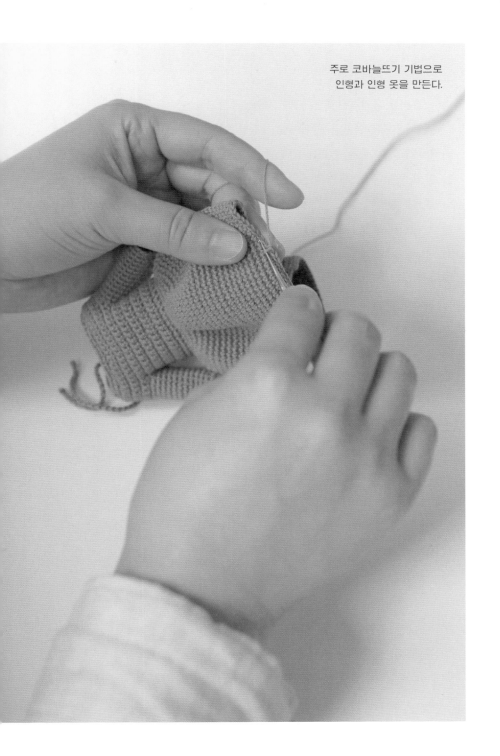

주로 코바늘뜨기 기법으로
인형과 인형 옷을 만든다.

었다. 그리고 본격적으로 손뜨개 인형으로 먹고살 궁리를 시작했다.

처음부터 완제품을 판매할 생각은 없었다. 만드는 시간과 수고에 비해 아직 사람들은 손뜨개 인형에 많은 비용을 지불하지 않는다는 걸 잘 알고 있었다. 그래서 시은맘이 찾은 방법은 패키지 판매와 함께하는 수업이다. 패키지 별도 구입에 그에 따른 수업료는 3만 원이다. 난이도에 따라, 개인의 뜨개 수준에 따라 일주일에 2~3개씩 완성하는 사람이 있는가 하면, 꽤 많은 시간이 필요한 사람도 있다. 부담 없이 선택할 수 있는 패키지 구입 방식과 수업료는 초보자부터 숙련자까지 쉽게 접근하게 했다. 시은맘의 수업은 늪과 같아 한번 빠지면 나오기 어렵다. 날마다 새로운 디자인의 인형을 선보여 하나 완성하고 나면 또 다른 디자인을 떠보고 싶게 만든다. 인형이 메고 있는 가방이나 쓰고 있는 모자 등의 인형 소품을 뜨고 싶어 또 다른 패키지를 구입하게 된다.

시은맘을 알린 또 다른 하나는 코바늘로 뜬 마들렌(또는 마들린느) 인형 옷이 인형 수집가들 사이에서 유명해지면서부터다. 지금은 생산이 중단된 프랑스 빈티지 인형 마들렌은 동화책 속 캐릭터를 인형으로 구현해낸 것으로 기숙사에서 생활하는 수녀 선생님과 친구들의 이야기로 인기를 끌었다. 탈착 가능한 가발 형식에 맹장 수술 에피소드가 인형 몸에 그대로 새겨 있는 캐릭터는 시은맘의 마음을 사로잡았다. 그런 마들렌에게 조금씩 뜨개옷을 만들어 입히고 사진을 찍어 포스팅했다. 그 포스팅을 본 마들렌 마니아들은 시은맘의 인형 뜨개옷을 보고 구입 문의를 하거나 옷 만들기를 배우고 싶다고 찾아왔다. 단지 마들렌의 옷을 만들고 싶어 찾아온 수강생들은 자연스럽게 스며들듯 시은맘의 코바늘 뜨개 인형에도 심취하기 시작한다. 완제품은 판매하지 않으려고 했던 시은맘은 가끔 공방 유지가 어려워지면 마들렌의 옷을 밤새 만들어 팔았다. 그때마다 옆에서 지켜보던 남편은 "힘들면 그만두라"는 말을 건넸지만 시은맘은 지치지 않고 해나갔다. 막연하지만 아직 못다 풀어낸 디자인이 있고 유튜브 같은 채널을 활용해 좀 더 적극적으로 알린다면 언젠가는 잘될 거라는 희망이 있었다. 그래서 몸은 고단할지라도 마음만은 지치지 않았다. 이러한 버티기와 부단한 노력, 긍정적 자세가 쌓여 지금은 '크리에이터'라는 이름으로 그를 빛나게 하고 있다.

마들렌 인형에게
어울리는 옷을 직접 떠서
입히기도 한다.

시은맘 작업실에는 각양각색의 피겨린과 캐릭터들이 있어
시간 가는 줄 모르고 구경하게 된다.

[1] 시은맘의 이름으로 생산되는 다양한 색감의 100% 면사들
[2] 클래스101 3차 클래스 때 선보인 곱슬머리 인형과 액세서리들 (사진 제공: 황부연)

시은맘의 꼼지락 작업실 인형이
인기 있는 이유는 인형의 옷을 갈아입히는
재미가 있기 때문이다.

[1]

[1~3] 여러 소품과 옷을 곁들일 수 있도록
디자인한 인형들. 시은맘의 인형은 특별한 지지대 없이
앉거나 설 수 있도록 만든 것이 특징이다.

[2]

[3]

[1]

[1~2] 이야기가 있는 캐릭터를 만들어
그에 따른 다양한 부속품을 따라 만들게 한다.

아포코팡파레 (김성미)

소셜미디어의 등장은 적은 돈을 가지고 자신이 해보고 싶었던 분야에
도전해 보고 싶은 1인 창업자에게 기회가 돼주었다. 사업자뿐 아니라 창작자들의
활동에도 많은 변화를 가져다줬다. 갤러리나 페어, 전시, 숍을 통해서만이 아닌
자신의 방식대로 개성을 드러내며 셀프 홍보를 할 수 있을 뿐 아니라 직접
판매도 가능해졌다. 물론 도전했다고 모두 성공할 수 있는 건 아니다. 물건을
사고파는 행위 뒤에는 많은 전문 분야가 뒷받침돼 주어야 한다. 공예를 전공하고
디자이너를 꿈꾸던 김성미 씨는 어릴 적부터 즐겨 활동하던 손뜨개를 사업
모델로 정했다. 브랜딩, 디자인, 제작, 홍보, 클래스 등 그 모든 것을 직접
진행하며 소자본 창업의 단맛과 쓴맛을 보았다.

Instagram @apoco_knits

좌충우돌
크래프트
스튜디오
창업기

공예 전공자의 디자인 회사 취업기

초등학생 때부터 라디오를 들으며 뜨개하기를 좋아하던 김성미 씨는 가족들이 미술 분야에 적을 두고 있어서 큰 고민 없이 진로를 결정했고 중앙대학교 공예학과에 입학했다. 사실 공예를 선택한 건 그저 수능 점수에 맞춘 것뿐이었다. 그는 디자이너가 되고 싶었다. 그래서 학교 수업에 만족을 느끼지 못했다. 작가 양성을 목적으로 하는 커리큘럼이 취업에 도움이 되지 않는다고 생각했다. 디자인회사에 취업하려면 그에 맞는 포트폴리오가 필요했고 포토샵, 일러스트레이션, 3D 맥스 등의 컴퓨터 프로그램을 다룰 수 있어야 했다. 제법 능숙하게 프로그램을 다룬다고 생각했지만 디자인 전공자들과 비교하면 턱없이 부족한 실력이라는 걸 깨닫고 취업을 위해 컴퓨터 학원에 다녔다. 어릴 때부터 로망이던 영화 관련 디자이너가 되고 싶어 영상을 다루는 프로그램을 공부했고 광고회사의 영상디자이너로 취업에 성공했다. 영상디자이너 3년 차가 되었을 무렵 밤낮없이 일하는 환경 속에서 청춘을 보낼 수 없다는 생각에 소규모 패션 회사의 디자이너로 이직했다. 패션 회사의 영상팀으로 들어갔지만 디자이너는 김성미 씨 한 사람뿐이었고 결국 '디자인과 관련된 모든 업무'가 그의 몫이 되었다. 회사가 요구하는 로고디자인, 패키지디자인, 룩북 만들기 등 컬렉션 홍보에 필요한 전반적인 디자인 업무를 처리했다. 그렇게 반년을 조금 넘게 보내고 나니 패션 회사가 시장에 물건을 내놓기까지의 과정을 대략 알 수 있었다. 그러자 더 늦기 전에 '내 것'을 해보고 싶다는 생각이 싹텄다. 내가 가장 좋아하는 것, 잘하는 것, 평생 직업이 될 수 있는 것을 고민한 끝에 다다른 건 손뜨개였다.

김성미 씨의 장점 중 하나는 생각을 길게 하지 않고 행동으로 옮긴다는 것이다. 무엇이 됐든 머릿속에 머물기만 하면 아무것도 이루어지지 않는다는 걸 그는 알고 있다. 퇴직 후 프리랜서 디자이너로 아르바이트를 하며 창업 비용 1000만 원을 마련하고 섬유공예 대학원 논문을 준비하던 친구에게 함께 스튜디오를 열자고 제안했다. 금전적 동업자가 필요한 건 아니었다. 서로 에너지를 주고받으며 동력이 되어줄 수 있는 동료가 곁에 있으면 좀 더 책임감을 갖고 집중할 수 있을 것 같았다. 그의 제안에 친구 박명화 씨가 응했고 2014년 이태원에 있는 공용 작업실 방 한 칸을 빌려 '아포코팡파레(Apocofanfare)'를 시작했다.

소자본으로 브랜드 만들기

'아포코'와 '팡파레' 단어를 조합한 아포코팡파레는 음악가 친구가 지어준 이름이다. 음악의 한 용어로 아포코는 점점, 팡파레는 축하라는 의미다. 억양이 세고 다소 길어서 기억하기 어려울 수도 있지만 축제 같은 강렬한 느낌이 좋았다. 다양한 소재와 컬러 사용을 지향하고자 하는 제품의 이미지와도 어울릴 것 같았다. 친구들과 헤어지고 당장 집으로 달려가 우선 아포코팡파레 이름으로 홈페이지 도메인을 등록했다.

　　브랜드 이름을 정했으니 이제 상품을 구성하고 로고와 패키지를 디자인하며 홍보 전략을 짤 차례다. 우선 사람들이 뜨개 하면 가장 먼저 떠올리는 아이템인 목도리를 대표 제품으로 정했다. 최대 3시간 안에 뜰 수 있으면서도 완성도가 있고 다른 곳에서는 쉽게 찾아볼 수 없는 디자인을 고민하던 중 극세사실이 떠올랐다. 극세사실은 주로 수면바지나 수면양말 등의 소재로 사용되면서 저렴한 인상을 갖게 됐지만, 코트나 스

[1] 아포코팡파레의 라벨과 패키지디자인

[2] 청키 목도리를 만들 때 주로 사용한 색실들

웨터에 실이 묻어나지 않고 촉감이 좋으며 부피감은 있지만 무게는 가볍다는 장점이 있다. 그리고 실이 두꺼워 빠르게 목도리를 완성할 수 있다. 컬러 선정과 디자인만 잘 한다면 장점이 더 많은 극세사실이 아포코팡파레만의 독특한 아이템이 될 수 있을 것 같았다. 그리하여 탄생한 것이 바로 청키 목도리다. 이름처럼 두툼한 디자인의 청키 목도리는 하나만 둘러도 패션 포인트가 될 만큼 존재감 있는 아이템이다. 이러한 목도리의 매력을 부각시키고 패션브랜드의 제품처럼 보일 수 있도록 외국인 모델과 사진가를 섭외해 화보를 찍고 무신사, 더블유컨셉 등의 온라인 패션 편집숍에 입점 문의를 했다. 네이버나 소셜미디어에 돈을 지불하고 광고를 하는 방법도 있지만 이미 어느 정도의 고객이 확보된 유명 온라인 편집숍에 입점하는 것이 홍보에 더 효과적이라고 생각했다. 수수료가 조금 부담이었지만 광고비 대신이라고 생각하면 된다. 다행히 잘 찍어둔 화보 덕분에 순조롭게 입점됐다. 유명 온라인 편집숍에 입점된 후에는 다른 온라인 편집숍들이 알아서 먼저 연락을 해왔다. 8만 9000원으로 책정한 청키 목도리는 손으로 직접 만들기 위해 들인 시간과 재료값을 고려한다면 절대 남는 장사가 아니었다. 하지만 온라인에 입점된 다른 브랜드의 목도리에 비해 다소 비싼 편이라 가격 경쟁력에서 밀렸다. 그보다 더 저렴한 다른 아이템을 개발해야 했다. 그래서 만든 것이 3만 원짜리 쁘띠 목도리다. 가격과 디자인에 모두 만족한 소비자들은 쁘띠 목도리를 장바구니에 담기 시작했고 김성미 씨의 손은 분주해졌다. 이윤을 남기기보다 재고를 남기지 않겠다는 것이 우선이었다. 일단 이윤이 적게 남더라도 경험을 쌓는 것이 더 중요했다. 경험이 쌓이고 시간이 조금 더 지나면 브랜드 전문가가 되어 정말 하고 싶은 일을 할 수 있을 거라는 기대감을 갖고 버텼다. 직접 만들어서 포장하고 택배 보내는 과정 자체가 즐겁기도 했다. 하지

만 절대적 시간을 들여야만 완성되는 핸드메이드의 한계가 보이기 시작
했다. 이대로는 얼마 못 버티겠다 싶어 아포코팡파레를 론칭하고 번 돈으
로 공장 라인을 생산했다. 그렇게 비니와 장갑, 밀짚모자가 추가됐다. 하
지만 이 또한 여름과 겨울에만 판매되는 계절 아이템이라는 한계가 있었
다. 브랜드 론칭을 너무 안일하게 생각했던 과거를 반성하며 발견한 돌파
구는 정부 지원 사업이다. 그동안 만든 핸드메이드 라인과 공장 제품 라
인이 포트폴리오가 되어 서울숲 근처에 있는 복합 문화 공간 언더스탠드
에비뉴의 공간 지원 사업에 선정될 수 있었다.

브랜드 창업 제2막, 그리고 이상향

2017년 1년간 서울숲 언더스탠드에비뉴의 공간 하나를 지원받게 된 아
포코팡파레는 본격적으로 온라인과 오프라인으로 분업화했다. 온라인
에서는 기존의 제품 판매는 물론 동업자인 박명화 씨의 주특기인 비즈를
활용한 자수 패키지와 부자재 판매에 집중하고, 오프라인에서는 김성미
씨가 해보고 싶었던 니팅 클래스를 실험해 보기로 했다.

클래스에서는 주로 가방을 만들었다. 초보자도 쉽게 직접 만들어
서 바로 사용할 수 있으면서도 성취감을 느낄 수 있는 것이 바로 가방이
기 때문이다. 3시간씩 두 번만 참석하면 완성할 수 있으면서도 아포코팡
파레만의 특색을 담은 니트 가방을 선보였다. 코바늘의 기본 기법인 사
슬뜨기와 한길긴뜨기로 형태를 만들되 손잡이나 어깨끈 부분은 뜨개 대
신 면 소재의 두툼한 밧줄이나 색깔 리본으로 포인트를 주었다. 조각천,
나무볼, 금속체인 등을 섞어 자신만의 태슬을 만들어 개성을 더할 수 있

기본 기법에 다양한 부자재로 포인트를 더한 아포코팡파레 가방들

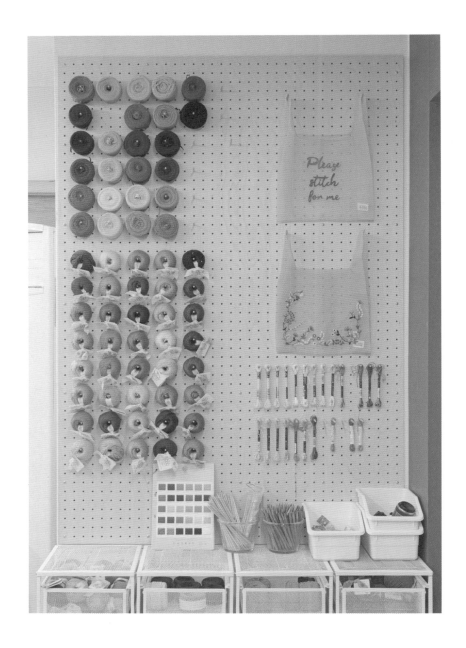

뜨개 작업하는 김성미 씨와 자수 작업하는 박명화 씨가
주로 사용하는 소재를 한눈에 볼 수 있는 공간

도록 디자인했다. 도움이 안 된다고 생각했던 대학 시절 수업들이 알고 보니 가장 하고 싶었던 일의 연장선에 있었다는 것을 깨닫게 된 순간이다. 나무, 도자, 섬유, 금속 등 다양한 소재를 배우던 공예 수업 덕분에 어렵지 않게 재료를 다루고 구하는 방법을 알 수 있었다.

언더스탠드에비뉴는 유행에 민감한 젊은 세대가 즐겨 찾는 성수동의 번화가와 가깝고, 주민들이 좋아하는 산책로인 서울숲이 근처에 있어서 유동 인구가 많았다. 소셜미디어를 통해 클래스 홍보를 하기도 했지만 1층에 자리한 공간 덕분에 클래스 신청자의 절반 정도가 길을 오가며 들른 사람들이었다. 김성미 씨는 친구를 사귀고 이야기 나누는 것을 좋아해 클래스가 무척 기대됐다. 나이 상관없이 공통의 관심사를 가진 사람들이 도란도란 모여 손뜨개를 하는 시간이 행복했다. 하지만 좋아하는 일 한 가지를 하려면 싫어하는 일 아홉 가지가 따라온다는 말이 있듯 모든 것이 즐겁지만은 않았다. 지나가는 사람 모두가 볼 수 있는 1층은 홍보가 잘 된다는 장점이 있지만 반갑지 않은 상황도 맞이해야 하는 단점도 있다. 구경하러 들른 손님들로 수업에 온전히 집중하기 어려웠고, 실을 샀으니 무료로 뜨개를 가르쳐달라는 사람, 니트 옷에 구멍이 났는데 수선해달라는 사람 등 예상 밖의 다양한 사람들을 상대할 수밖에 없었다. 언더스탠드에비뉴의 공간 경험으로 사람들이 편히 찾아올 수 있는 지리적 위치와 교통수단이 중요하다는 것을 알았다. 하지만 사람들을 상대하는 서비스가 천직인 줄 알았던 자신의 성향이 알고 보니 아니었다는 것도 깨달았다. 1년간의 공간 지원 사업이 끝난 후 아포코팡파레는 지난 경험을 거울삼아 신사동 골목의 한 건물 4층으로 자리를 옮겼다. 접근성은 물론 힐링하러 클래스를 찾는 사람들을 위해 채광이 잘 드는 공간을 구하는 것이 중요하다고 생각해 선택한 곳이다. 예산 안에 이 모든 조건을 갖추는 대신 포기해야 하는 건 엘리베이터였다. 4층까지 계단을 오르내리는 것이 쉽지 않지만 사람들은 기꺼이 조용하면서도 아늑한 신사동 공간을 찾았다. 이후 핸드메이드 제품 디자인은 멈추고 공장 라인만 판매하며 직접 디자인한 도안이 포함된 패키지 만들기에 집중하기 시작했다. 유튜브 채널을 개설해 오프라인 수업을 듣지 않고 영상만으로도 충분히 만들 수 있는 DIY 키트를 만들어 콘텐츠를 쌓는 것이 김성미 씨의 계획이다.

하지만 코로나19와 육아는 성미 씨의 계획에 많은 것을 변화시켰다. 오프라인 수업은 문을 닫고 육아에 전념하며 아포코팡파레의 지난 시간을 되돌아보게 됐다. 내가 좋아하는 것과 잘할 수 있는 것은 무엇이며 나는 어떤 사람인가라는 근본적 질문을 스스로 던지게 됐다. 그렇게 시간을 돌이켜보다 내린 결론은 더 늦기 전에 재취업에 도전해 보는 것이었다. 니터로 활동하는 건 나이의 제한이 없지만 취업은 아니었다. 최대한 관련 업종을 선택해야겠다 싶어 알아보던 중 성공한 곳이 뜨개 전문 유통 회사 앵콜스다. 2021년 디자인 팀장으로 입사해 디자인과 키트 제품 관련 업무를 도맡았다. 홈페이지의 상세페이지 디자인을 비롯해 DIY 키트 기획, 도안 디자인, 영상 제작, 사진 촬영 등 사업에서 못다 이룬 꿈을 회사의 자본을 빌려 경험해볼 수 있는 것이 재밌었다. 뜨개디자인 선생님들과 교류하며 다양한 도안을 떠보고 실과 바늘도 직원가로 구매할 수 있으니 천국이나 다름없었다. 물론 회사 생활이 언제나 즐거운 것만은 아니었지만 앵콜스에서의 활동 덕분에 뜨개 실력이 크게 향상됐다. 그렇게 2년 정도 앵콜스에서 일을 하다 좀 더 시야를 확장하고자 스타트업 패션 플랫폼 회사의 디자인 팀장으로 이직했다. 하지만 생각지도 못한 둘째의 임신으로 얼마 지나지 않아 프리랜서 디자이너로 전향하게 됐다. 사람들과 교류하며 일하기를 워낙 좋아해 회사 생활에 만족하고 있던 터라 조금은 혼란스럽지만, 새 생명의 만남이 축복이라 생각하며 니터로서의 활동과 디자이너로서의 균형 잡기를 고민하고 있다. 현재 그의 계획은 디자인 일을 하며 돈을 벌고 뜨개에서만큼은 돈에 얽매이지 않으며 자신이 해보고 싶은 스웨터 도안을 디자인하는 것이다. 다국적 사람들의 반응을 보고 싶어서 손뜨개 영문 도안 플랫폼 레이블리에 디자인을 발행하기 위해 영문 도안 만들기도 연습 중이다. 만들고 싶은 것, 입고 싶은 옷을 도식화하며 할머니가 되어서도 뜨개를 하는 삶이 그가 지금 그리고 바라는 이상적 삶이다.

신사동 뒷골목의 한 건물 4층에 자리한
아포코팡파레 스튜디오

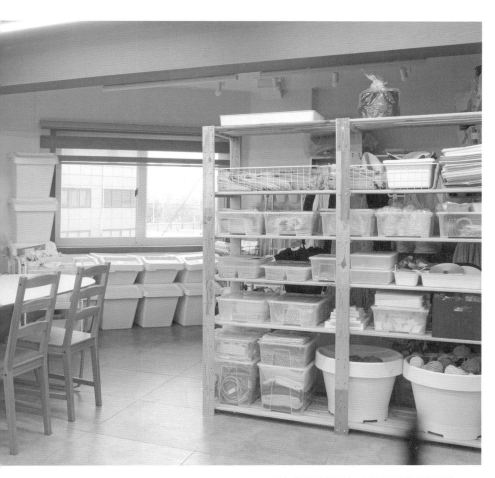

자수 작업과 클래스, 수납 공간이 깔끔하게
구분되어 있는 스튜디오

어부의 망처럼 생겨서 이름 붙인 피시백.
별도의 바닥 없이 모두 네트로 연결되어 있다

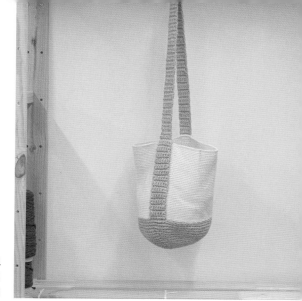

짧은 뜨기로
차곡차곡 쌓아 올린
투톤 버킷백

가방에 포인트를 더하는 태슬 디자인

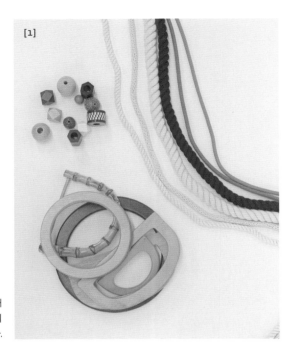

[1] 여러 소재를 활용해
디자인을 변주한다는 것이
아포코팡파레의 특징이다.

[2~3] 아포코팡파레가 즐겨 쓰는 실

[2]

수편기를 이용한 상품성 있는

니트웨어 브랜드

Instagram @fabloop

파블룹 (이준아)

스스로 물건을 생산하고 홍보와 판매를 해야 하는 작가들은
어떻게 돈을 벌까? 물건을 만들기 위한 기본적인 재료와 도구를 구입할
예산은 어디에서 구하는 걸까? 사람들은 내 작품을 어떻게 생각할까?
좋아하는 일을 하며 먹고살자고 시작한 일이지만 결코 돈을 빼고
이야기할 수 없고 판매를 위해서는 사람들의 피드백도 필요하다.
이러한 고민을 하는 작가들에게 정부 지원 사업은 하나의 해결책이 될 수 있다.
공예와 디자인에 특화된 정부 지원 사업을 활용해 브랜드를 만든
파블룹(Fabloop)의 이준아 씨는 수편기를 이용한 개성 있고 상품성 있는
니트웨어를 선보이며 작은 팬덤을 만들고 있다.

#니트웨어   #수편기   #니팅머신   #KCDF

#스타상품개발사업   #신당창작아케이드   #공예트렌드페어

정부 지원금으로 브랜드 만들기

브랜드 하나 번듯하게 만들기 위해서는 꽤 많은 시간과 예산, 인력이 필요하다. 원하는 방향에 따라 사진, 로고디자인, 패키지, 홍보 등 전문가의 손길이 필요하기도 하다. 하지만 소규모의 1인 창업자나 다름없는 수공예 작가들이 시각디자이너이자 사진가, 마케터로 1인 다역을 해내기는 쉽지 않다. 전문 분야는 전문가에게 맡기는 것이 효율적이면서도 만족스러운 결과물을 얻을 수 있다. 이 당연한 말은 사실 예산이 갖춰졌을 때 가능한 일이다. 그렇다면 그 예산을 어떻게 만들 수 있을까?

수편기를 이용해 니트웨어를 만드는 파블룸의 이준아 씨는 한국공예·디자인문화진흥원(이하 KCDF)의 공예디자인 상품 개발 사업을 활용했다. 이는 신진작가를 발굴하고 지원하기 위한 사업으로 한 해 지원자 중 제품 경쟁력을 기준으로 작가를 선정해 개발비를 지원해준다. 상품 기획, 디자인, 제작, 유통 등 분야별 전문가들과 함께 약 6개월 동안 작품의 완성도를 높여간다. KCDF의 주력 사업 중 하나인 공예트렌드페어의 전시 지원과 갤러리 숍 판매 우선 지원 등의 혜택도 받을 수 있다. 2017년 사업에 지원한 준아 씨는 지원금(당시 500만 원)을 활용해 자신이 디자인한 상품을 기계의 도움을 빌려 효율적으로 만들 수 있는 방법을 모색해 보고 평소 사용해 보고 싶었던 고가의 실을 구입하거나 염색 등의 실험을 해볼 수 있었다. 더불어 각자 자신만의 색을 가지고 브랜드로 생존하고 있는 멘토들의 도움말은 1인 창업가로서 준비해야 할 것과 시장을 읽는 눈을 키우게 했다. 준아 씨는 직접 디자인한 여러 아이템 중 멘토들의 제안으로 양말 형태의 룸슈즈와 슬립온 룸슈즈를 개발해 파블룸만의 이야기와 색깔을 표현했다. 무채색이 주를 이루는 기존 니트 시장에서 원색의 화려한 배색, 독특한 니트 조직과 기능적이면서도 디자인적 감각을 담은 파블룹의 제품은 여러 지원 작가들 사이에서도 단연 눈에 띄었고, 파블룹의 가능성을 엿본 KCDF는 준아 씨를 후속지원 사업의 작가로 선정해 브랜드로서 꼴을 갖출 수 있도록 도왔다. 특히 브랜드 방향을 시각적으로 보여줄 수 있는 로고와 대표 상품을 만들 수 있었던 것이 큰 수확이다. 한국식 발음에 따라 '패블루프'라고 읽었던 브랜드명을 읽기 쉬우면서도 평소 좋아하던 유러피안 감성에 맞게 '파블룹'이라는 이름으로 수정하고 로고디자인도 완성했다. 로고디자인은 시각디자이너의 전문 분야로 선뜻 손을 댈 수 없어 망설이고 있었는데 멘토를 통해 디자이너를 소개받고 지원금으로 디자인 비용을 해결했다.

　　수편기를 이용하는 준아 씨에게 작업 공간은 필수였다. 뉴욕에서 패션디자인을 전공한 후 회사에서 경험을 쌓고 막 돌아온 그는 브랜드를 만들기 전 섬유 공부를 좀 더 하기 위해 다닌 편물 학원에서 만난 선생님을 통해 신당창작아케이드를 알게 되었다. 신당창작아케이드는 서울문화재단에서 운영하는 사업으로 작업실이 필요한 작가들에게 공간을 지원하고 기획 전시와 브랜드 협업 프로젝트 등을 진행하며 신진 작가를 육성하는 곳이다. 상품 개발 사업에 지원하던 같은 해에 신당창작아케이드에도 선정된 준아 씨는 목돈이 들어가는 작업실과 브랜딩을 정부 지원 사업을 통해 한 번에 해결했다. 처음부터 주도면밀하게 모든 것을 계획하고 준비한 것은 아니었지만 주변 사람들의 조언에 귀 기울이고 기회라고 생각했을 때 바로 움직이는 행동력과 부지런함이 있었기에 가능한 일이었다.

분당에 있는
준아 씨의 작업 공간

다품종 소량 생산하기

뉴욕 파슨스 디자인 스쿨에서 패션디자인을 공부한 준아 씨는 사실 2학
년 때까지 니트에 대해 잘 알지 못했다. 니트 자체보다는 컬렉션의 콘셉
트에 맞게 원단을 재조직하거나 다양한 기법을 활용해 재창조하는 일을
좋아했다. 월요일부터 금요일까지 꽉 차 있는 학업 스케줄을 쫓기 바빴
던 그에게 그나마 한숨 돌리고 마음이 편안했던 때는 금요일 마지막 수
업이던 손뜨개 시간과 토요일에 단기로 열리는 수편기 수업이었다. 손뜨
개 수업은 연세 지긋한 교수님이 손자·손녀를 돌보듯 학생들을 대했는
데 그 시간이 푸근하게 느껴졌다. 특별한 과제의 압박 없이 교수님을 따
라 스와치를 만드는 시간만큼은 새로운 스티치를 배운다는 것을 넘어 니
팅을 통해 온전히 나에게 집중하고, 마음이 편안해지는 시간이었다. 그것
이 준아 씨가 느낀 니팅에 대한 첫인상이다. 금요일과 토요일 수업을 들
으며 알게 된 손뜨개와 수편기의 서로 다른 매력은 작품에도 그대로 반
영됐다. 졸업 컬렉션으로 이 두 가지의 기법을 혼합해 3점의 니트 작품
을 만들었다. 그러던 중 편물을 짜서 디자인을 판매하거나 전시 활동을
하는 룸메이트를 지켜보며 보다 넓은 니트의 세계가 있다는 걸 알게 됐
다. 이후 한국으로 돌아온 준아 씨는 스웨터 관련 회사에 취업하려 했으
나 당시 패션디자인 회사들은 다이마루 중심의 디자인 시스템이거나 한
부서의 작은 분야로 니트 시장이 다소 협소했다. 결국 시간이 걸리더라도
니트에 집중한 자신만의 브랜드를 만들어보고자 결심했다.

　　좀 더 배움의 시간을 갖기로 한 준아 씨는 편물 학원을 찾았다. 학
교에서 니트에 대해 배우긴 했지만 나만의 색깔을 보여주기에는 기술이
턱없이 부족했다. 머릿속에서만 둥둥 떠다니는 이미지를 구체적으로 표

현하기 위해서는 기술이 기본이 되어야 한다. 그렇다고 막연하게 기술만 배울 수 없으니 우선 만들고자 하는 제품의 목적과 대상을 정했다. 패션 디자이너에게 영감의 원천이 되는 뮤즈가 있듯 준아 씨는 당시 2살이던 조카를 뮤즈로 정했다. 학교에 다닐 땐 직접 입고 싶은 옷을 만들었는데, 그러다 보니 자신의 취향에 갇히기도 하고 아이템 확장에도 한계가 있었다. 하지만 아이 옷을 만들면 다채로운 색을 써도 사람들이 거부감 없이 받아들이고 텍스처를 다양하게 디자인해 볼 수 있다. 무엇보다 크기가 작아 제작 기간이 짧아서 여러 형태를 실험해 볼 수 있다는 것이 최대 장점이다. 2살이던 조카의 성장에 따라 준아 씨의 옷도 조금씩 커져 갔다. 그렇게 편물 학원에 다닌 지 2년쯤 되었을 때인가, 생각하는 것을 표현할 수 있는 단계가 되자 이제 나만의 브랜드를 만들 수 있겠다는 자신감이 생겼다. 직접 기획부터 샘플링 제작이 가능하도록 모든 공정을 배우고 숙지해 보고 나니 그 과정 자체가 재밌어서 규모는 작지만 소량의 특별한 물건을 직접 만드는 작가가 되기로 결심했다.

파블룹의 이름은 패브릭(Fabric)과 루프(Loop)의 합성어다. 니트 조직을 자세히 보면 수많은 고리가 서로 연결되어 조직을 이루는 것을 볼 수 있다. 그 수많은 고리가 면이 되어 패브릭이 되고 패브릭이 모여 구조를 이룬다. 고리가 만들어지는 처음부터 아이템이 완성되는 끝까지 자신의 디자인을 유기적으로 표현하겠다는 의지를 담은 이름이다. 뜨개 제품이라고 하면 으레 대바늘이나 코바늘을 이용한 손뜨개 제품을 먼저 생각하지만 준아 씨는 '상품성'에 초점을 맞추기 위해 수편기로 작업한다. 사람의 손에 무조건 의지해야 하는 손뜨개보다 수편기를 사용했을 때 품질이 일관적이고 안정적이기 때문이다.

공장의 기계를 사용해 저렴하게, 대량생산하지 않는 이유를 묻는

다면, 수편기로 만든 조직이 개인적인 관점에서 심미적으로 아름답다 느끼고 작가 스스로가 자신감 있게, 만족스러운 조직감을 얻을 때까지 다양한 실험을 해볼 수 있기 때문이다. 수편기로 직접 작업하면 실의 종류와 장력, 색상, 최종 편물의 두께 등을 고려해 스와치를 여러 번 만들어볼 수 있어 최대한 만족스러운 조직을 구현할 수 있다. 시간을 들인다면 결국 공장 기계를 통해서도 구현할 수 있겠지만, 공장 수량에 맞추기에도, 여러 번 샘플을 요청하기에도 한계가 있다. 또한 다양한 소재와 기법을 실험해볼 수 있으며 변화에 유연하게 대처할 수 있다. 상품으로 판매하기 전 여러 개의 샘플을 제작하며 사용해 봐야 하는데, 수편기는 이를 조금씩 부분적으로 수정, 보완할 수 있으며 소비자의 의견을 적극 반영할 수도 있다. 이에 구매자와 작가 서로가 만족할 수 있는 물건을 만들며 느리지만 천천히 성장해 나가는 브랜드가 될 수 있다.

준아 씨는 미국 패션 회사에서 일을 하며 저렴한 가격으로 엄청난 양의 옷을 생산하는 것을 지켜보았다. 잘 팔리는 옷도 있지만 의미 없이 만들고 버려지는 옷도 보았다. 그 후 스스로 대단한 환경운동가가 되진 못하겠지만 적어도 파블룹의 이름으로 만들어진 상품이 환경에 해가 되지 않도록, 버려지거나 재고가 되어 쌓이지 않도록 유용하게 쓰이며 소진되길 바라는 마음으로 수편기를 이용한 소량 생산 혹은 주문 제작 시스템을 고집한다.

내가 원하는 고객 찾기

한국의 패션은 서울의 풍경처럼 주로 무채색을 이룬다. 트렌드에 상관 없

[1~2] 독특한 조직감이 눈에 띄는 파블룹의 스와치와 샘플들

이 가장 무난하게 코디해 입을 수 있기 때문이다. 특히 니트웨어는 다른 제품보다 값이 나가기에 여러 해 두루 입을 수 있는 무난한 색과 디자인이 인기다. 이 일을 시작할 때 준아 씨는 비슷한 색과 두께, 텍스처로 만들어진 국내 니트웨어 시장이 조금 심심하게 느껴졌다. 좀 더 많은 실험이 이루어지면 좋겠지만 소비자의 수요와 수익을 먼저 따져야 하는 기업 브랜드 입장에서는 쉽지 않을 것이다. 덩치 큰 기업보다 자유롭게 움직일 수 있는 준아 씨는 기존 시장과는 차별되는 색감과 형태, 촉감, 그리고 색다른 구성의 니트웨어를 디자인하고 싶었다. 그래서 그는 다양한 원사를 합치고 조합해 섬세하고 세련된 조직을 만드는 데 많은 시간을 들인다. 원사의 색상, 종류, 꼬임, 두께, 짜임, 기법 등 모든 것을 처음부터 구상하고 기획한다. 그리고 가정 친화적인 의류와 소품을 만든다. 아이와 엄마의 커플룩을 위한 모자와 가방, 가볍지만 따뜻한 머플러, 집안에서 신기 좋은 실내화, 독특한 패턴과 화려한 컬러의 손가방과 비니 등 과감한 배색과 니트 조직이 특징인 제품을 선보인다. 종이실 같은 촉감의 시원한 면 소재와 투명사를 교차해 투박할 수 있는 니트 머플러를 섬세한 느낌으로 풀어내거나 실내화의 미끄러움을 방지하기 위해 바닥에 천을 덧대 기능성을 강조하는 등 아름답고도 쓸모 있는 물건을 만들기 위해 노력한다. 느리지만 꼼꼼하게 잘 만들어 꼭 필요한 사람에게 의미 있는 물건이 되기를 바란다. 소중하게 아껴 쓰고 잘 손질해 다음 세대에게 물려줄 수 있는 니트웨어를 만드는 것이 파블룹의 목표다.

　　많은 작가들이 그러하듯 준아 씨도 가격을 정하는 것이 가장 어렵다. 갤러리나 편집숍에 위탁하는 경우 수수료까지 고려해 가격을 정해야 하는데 이 부분이 쉽지 않다. 원사 가격과 노동비, 여기에 수수료까지 더해지면 국내 니트 제품의 시장가를 훌쩍 넘어 사람들이 부담스러워하는 가격이 나온다. 웬만하면 적당한 가격선을 찾기는 하지만 그래도 정말 타협이 어려운 물건은 직접 판매한다. 파블룹을 좋아할 만한 소비자를 직접 만나고 찾기 위해 플리마켓, 단체 전시, 페어 등에 참가한다. 작가들과 함께하는 마켓부터 서울디자인페스티벌, 핸드메이드코리아페어, 공예트렌드페어 등 다양한 사람을 만나볼 수 있는 현장을 경험하기 위해 적극 움직인다. 이 덕분에 행사의 특성에 따라 찾아오는 사람들의 성향을 파악할 수 있었는데, 작가의 작업 과정을 이해하고 공감하며 브랜드 스토리에 관심가져 주는 관람객이 모이는 곳이 공예트렌드페어라는 것을 알았다. 준아 씨는 사람들이 브랜드를 선택해 주길 기다리기보다 파블룹을 좋아할 만한 사람들이 모여 있는 곳을 선택하고 집중하기로 했다. 공예트렌드페어 전시에서 직접 피드백을 받기도 하고 새로운 갤러리와 연결되기도 하며 함께 이야기를 나누다 브랜드의 팬이 되어 돌아가는 사람도 생겼다. 패션에 관심 있는 젊은이부터 뜨개 제품에 대한 향수가 있는 어르신, 선물을 준비하는 사람은 물론 색깔에 보수적이라고 생각했던 남성 관람객도 파블룹의 물건을 구매한다. 관람객 겸 소비자들과 이야기하며 그들의 반응을 살피다 보면 아이디어도 얻고 생각이 확장되기도 한다. 공예트렌드페어를 준비할 때면 몸은 바쁘고 지치지만 에너지를 얻는 이유다. 준아 씨는 네 차례 공예트렌드페어를 경험하며 수많은 사람들을 이해시키기 위해 애써 시간을 쓰기보다 파블룹의 물건을 좋아하고 아껴줄 소수의 사람을 위한 시간에 투자하기로 했다. 신선한 디자인과 좋은 품질의 제품을 만드는 것이 파블룹을 찾아준 사람들에게 보답하는 길이라 생각하기 때문이다.

　　2년간 생활하던 신당창작아케이드를 나온 준아 씨는 지금 분당에 작업실을 꾸리고 작가로서 작업에만 몰두하고 있다. 대기업에서는 할 수

없는 개성 있는 소규모 니트웨어 브랜드이자 실험적인 디자인과 실용성
을 겸비한 작품을 선보이는 작가로서의 활동 모두 잘 해내고 싶기에 오
늘도 그는 수편기 앞에 앉아 색색의 실을 걸고 당기며 끝없는 니트의 세
계를 탐험하고 있다.

파블룹 제품에 사용되는 다양한 색감의 실들

수편기 작업에 주로 쓰이는 도구들

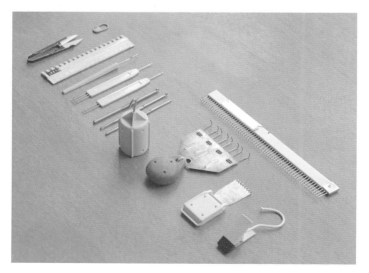

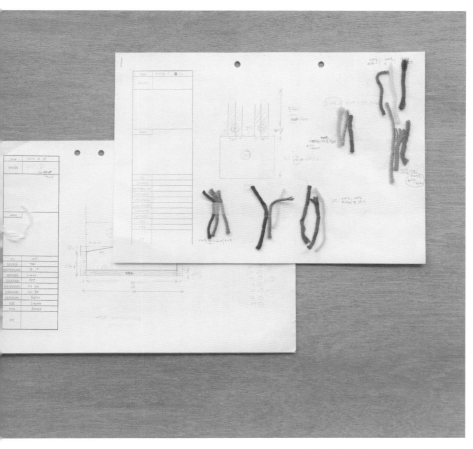

수편기 앞에 앉기 전 형태와 색감 등의
구성을 기록해 놓은 작업 계획안

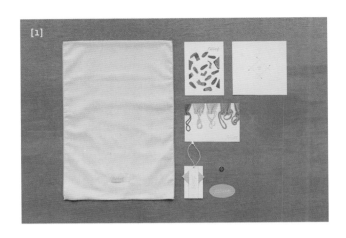

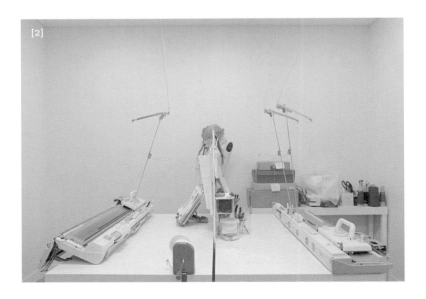

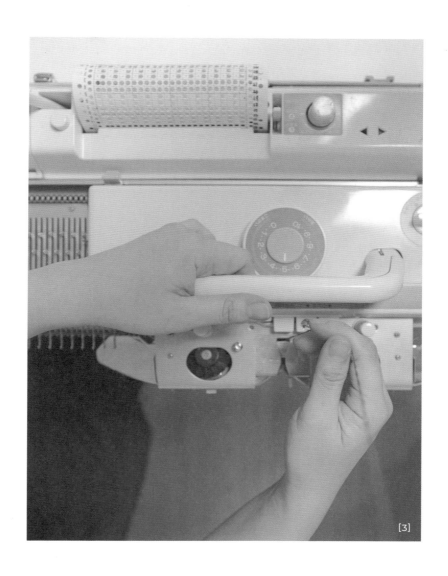

[3]

[1] 파블룹 제품 포장을 위해 사용되는 패키지디자인
[2~3] 준아 씨는 일관되고 안정된 품질을 만들기 위해 수편기를 이용한다.

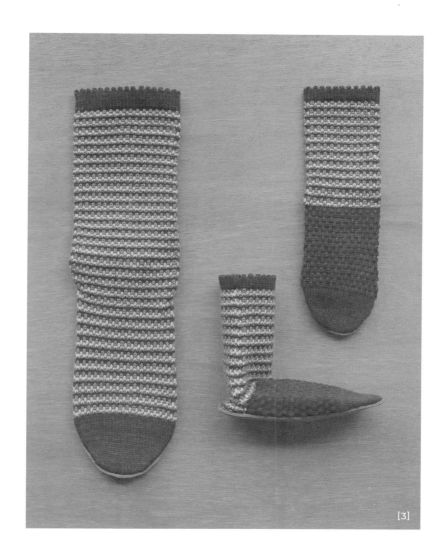

[3]

[1, 3] 화려한 컬러감과 세련된 패턴이 돋보이는 파블룹의 니트웨어
[2] 파블룹의 니트웨어는 섬세한 짜임새가 특징이다.

[1]

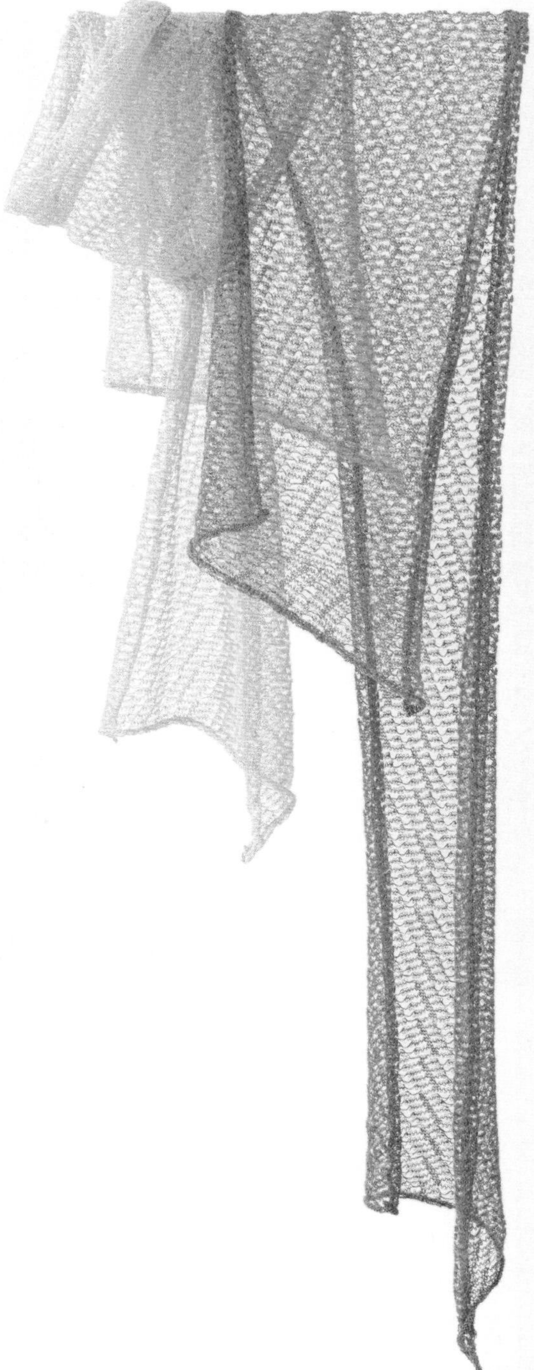

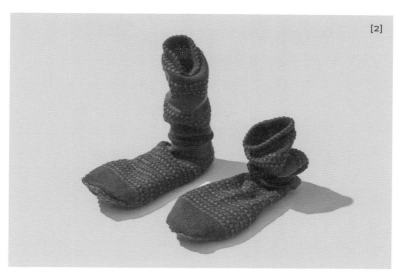

[1] 단정한 듯 포인트가 되는 브라켄 스카프 (사진 제공: 이준아)

[2~3] 물걸레 같은 모양의 양말 디자인처럼 가끔 재밌고 쓸모 없는 것을 만들기도 한다.
(사진 제공: 이준아)

#순수미술   #서촌생활

#여행자   #노마드   #협업

공예와 예술
그 어디쯤

오수 (오수현)

어떤 이에게 뜨개는 명상이다. 또 어떤 이에게는 이야기가 되어주고 영감이
되어주는 콘텐츠다. 뜨개 행위 자체를 예술이라고 표현하는 사람도 있다.
하지만 아직 국내에서는 그저 가정생활의 일부, 취미 공예의 하나로
인식되곤 한다. 뜨개를 소재로 한 다양한 창작 활동이 부재했기 때문일까?
다행히 이러한 갈증을 해결해 준 이를 발견했다. 뜨개를 통해 자연을
이야기하고 다양한 분야의 창작자들과 소통하며 예술로서 뜨개, 공예로서
뜨개 생활을 보여주는 오수 씨의 이야기를 소개한다.

예술가이자 사진가가 뜨개를 하기까지

해외 사례를 살펴보면 뜨개를 콘텐츠로 독립영화를 제작하거나 예술가
의 표현 수단으로 활용되는 것을 어렵지 않게 발견할 수 있다. 예를 들어
아이슬란드 출신의 니트웨어 디자이너 유라리는 뜨개로 호러 마스크를
만들어 주목을 받았다. 코로나19로 인한 사회적 거리두기의 효과를 높이
기 위한 방법으로 마스크가 아주 무서워야 한다는 생각에 혀와 송곳니
등을 괴기스러우면서도 위트 있게 디자인해 선보였다. 2019년 크래프트
카운슬 릴 투 릴 필름 페스티벌을 통해 소개된 로나 해밀튼 브라운의 뮤
직비디오 〈니팅 더 블루〉는 또 어떤가. 영국 왕립예술대학교에서 텍스타
일을 전공한 그는 뮤직비디오를 통해 뜨개 행위가 정신 건강에 얼마나 이
로운지를 유쾌하게 보여준다.

　　우리는 흔히 뜨개라고 하면 옷이나 가방 등의 의류, 생활 소품을
먼저 떠올린다. 서점에 나와 있는 뜨개 관련 책만 살펴봐도 주로 리빙 소
품이나 패션의 한 분야로 소개되고 있어 뜨개를 처음 접해보는 일반적인
경우라면 더욱 뜨개를 가정과 연결된 취미 생활로 인식할 수밖에 없다.
이러한 국내 뜨개 시장에 대한 아쉬움을 느끼던 차, 우연히 편집숍 서촌
도감에서 발견한 오수 씨의 오브제 '영원한 초록'이 눈에 들어왔다. 돌 위
에 초록색 털실이 이끼처럼 올라와 있는 모습이 생경했다. 보송보송한 털
실로 만든 코스터는 '이끼 코스터'라고 이름 붙어 있었다. 단순한 기법과
형태지만 센스 있게 이름 지은 물건들이 호기심을 자극해 그의 작품을
조금씩 더듬게 되었다. 그러다 발견한 마스크 작업에서 걸음이 멈췄다.
도안을 그리고 계획적으로 만들기보다 손끝의 감각에만 의존해 즉흥적
으로 완성한 것 같은 거친 형태의 마스크인데, 그 모습이 마치 사연 있는

사람의 표정 같았다. 이야기가 있는 작은 물건과 예술적 감성으로 사람을 잡아끄는 매력의 작가 오수 씨의 이야기가 궁금해진 이유다.

오수현이라는 본명보다 '오수'라는 작가명으로 업계에서 더 친숙하게 알려진 그는 대학교에서 서양화를 전공하고 뜨개를 활용해 자신의 이야기를 전한다. 부전공으로 사진을 배우던 중 2015년 사진작가로 해외에서 일할 수 있는 기회가 생겨 휴학을 하고 프랑스로 떠났는데, 그때 뜨개와 인연을 맺었다. 출근길이기도 했던 파리 17구에 있는 패브릭 아틀리에 코티의 주인장 사리와 인사를 나누다 친구가 되었고 그 인연이 그의 작가 생활에 큰 영향을 미쳤다. 단순히 흥미로 배우기 시작한 코바늘뜨기는 알면 알수록 자신의 삶과 잘 맞았다. 뜨개 작업의 가장 큰 장점 중 하나가 휴대가 간편하다는 것인데, 이러한 특징은 이사를 자주 다니는 오수 씨의 생활과 연결되었다. 포항과 여수 그리고 성남을 옮겨 다니며 살던 그는 졸업 후 서울 생활을 하면서도 집을 자주 옮겨야 했다. 그러다 보니 자연스럽게 부피가 작고 가벼운 재료에 눈이 갔다. 뜨개 작업은 작품 활동을 하고 싶어 하는 그의 열망을 충족시켜 주고 잦은 이동에도 계속해서 작업을 해나갈 수 있도록 도와주었다. 돌돌 말아 가방에 쏙 넣어둔 실과 코바늘은 기차, 버스, 비행기 어디에서든 그에게 훌륭한 붓과 스케치북이 돼주었다. 정착하지 못해 느끼는 불안감을 단순한 동작을 반복하는 뜨개 행위를 통해 떨쳐낼 수 있었다.

뜨개는 나를 표현하기 위한 행위

붓을 들고 그림을 그리던 오수 씨는 뜨개를 알게 된 이후 실과 바늘을 들

자연의 패턴에서 따온 마스크 디자인.
어릴 적 피부병을 앓은 자신의 이야기가 담긴 작품이다.
패션쇼나 뮤직 비디오 등의 행사용으로 사용되기도 했다.

기 시작했다. 뜨개 작업은 편리하면서도 만들고 싶은 것을 정확하게 표현할 수 있는 도구가 돼주었다. 자신의 이야기를 뜨개 기법을 활용해 표현하고 어딘가에 설치해 사진으로 기록했다. 마스크를 비롯해 기억하고 싶은 사진과 뜨개를 연결한 '섬과 나무', 산의 지형을 표현한 듯한 '완벽한 모양은 없다' 등의 설치물을 통해 자연과 추억을 이야기했다. 파리에서 서울로 돌아와 뜨개 작업을 이어가던 오수 씨는 사람들의 반응이 궁금해졌다. 시장에서 팔릴 만한 오브제가 되려면 기능이 있어야 한다고 생각해 네트백, 키링 등 다양한 아이템을 제작해 보기도 했다. 그 무렵 서촌도감의 주선으로 도예가 오선주 씨를 만났다. 동갑내기인 데다 합이 잘 맞을 것 같았던 이들은 2019년 가을 서촌도감에서 협업 전시 〈자연의 감각〉을 선보이며 도자와 뜨개의 이색적인 조합을 보여줬다. 오수 씨의 작업물에 관심을 갖게 해준 작품 '영원한 초록'이 바로 〈자연의 감각〉에서 시작된 것이다. '영원한 초록'의 맨들맨들한 돌이 알고 보니 도예가 오선주 씨가 돌처럼 만들어 준 오브제였다. 선주 씨가 돌맹이의 형태나 화분을 만들어 주면 오수 씨는 돌맹이 위에 뜨개를 덮어 이끼 문진 또는 이끼 돌탑을 만들거나 길쭉한 원기둥을 뜨고 그 안에 솜을 넣은 뒤 선주 씨의 화분에 심어 '자라나는 초록'을 탄생시키기도 한다. '자연'을 주제로 선주 씨와 협업을 시작한 오수 씨는 서로 다른 성질의 물성과 결합하고 이야기를 만들어 내며 다른 니터와는 차별화된 작품을 선보이기 시작했다.

　　이후 영원한 초록에서 아이디어를 얻은 오수 씨는 이끼 코스터를 발표해 시장성을 고려한 대중적인 아이템을 선보이기도 하고, 자신의 내면에 귀 기울이며 예술가의 세계를 펼쳐내 보이기도 한다. 그 이야기의 중심에는 항상 자연이 있다. 영원한 초록, 자라나는 초록, 이끼 코스터는 물론 마스크에 적용된 무늬까지 자연의 패턴에서 따왔다. 푸들푸들한 느

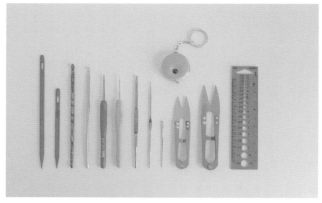

항상
가방에 넣고 다니는
뜨개 도구들

자연을 주제로
작업하는 오수의 실은
주로 초록색에 털이
푸들푸들하게 나 있다.

바닷가 또는
산책길에 주워온
돌과 나뭇가지

낌의 실을 사용하는 것 또한 살아 있는 듯한 생명력을 느끼게 하기 때문이다. 이는 산과 바다 가까이에서 나고 자란 영향도 있지만, 자연을 존중하고자 하는 그의 마음이기도 하다. 인간은 자연의 일부이기도 하면서 자연에서 많은 것을 빌려와 쓰고 있기에 자연을 상징할 만한 것을 생활 속 가까이에 두고 생각하며 훼손하지 않겠다는 다짐을 보여준다.

예술품과 상품의 절충안 찾기

예술대학 동기는 오수 씨의 작업을 보고 공예적이라고 말한다. 뜨개를 시작하며 가까워진 몇몇 공예가들은 그의 작업을 예술적이라고 말한다. 공예든 디자인이든 예술이든 장르 구분 없고 영역의 한계가 없는 요즘 시대에 이분법적으로 나누어 생각할 필요는 없다. 오수 씨는 도예가와 협업하며 경계가 허물어지고 좀 더 넓은 시야를 갖게 되었다고 고백한다. 모름지기 작가라면 자기만의 언어로 독창적인 창작물을 만들어야 한다고 강요받았는데, 오히려 혼자보다 다른 분야의 사람과 생각을 나누고 함께하면 작업의 영역이 더욱 확장될 수 있다는 것을 학교 밖에서 배웠다. 나무뿌리가 땅속으로 깊고 넓게 뻗어나가듯 협업자인 선주 씨를 통해 그의 생각과 관계의 뿌리가 뻗어나갔다.

그럼에도 고민은 늘 따라다녔다. 예술품과 상품의 그 중간 어딘가에 속하는 자신의 작업이 어떤 위치에 있는지 헷갈렸다. 다만 판매에 연연하며 뜨개 상품을 만들거나 집착하는 것은 지양한다. 중요한 것은 뜨개 행위를 계속하고 싶다는 마음, 불씨를 꺼트리지 않겠다는 다짐이다. 뜨개를 통해 작지만 규칙적으로 무언가를 생산하고 소소하게 수익을 내고 있다는 것 자체가 다른 작업을 하는 데에 큰 위로와 힘이 되어주고 있기 때문이다.

　　대학교 3학년 때 휴학을 하고 프랑스 생활을 마친 뒤 느지막이 졸업을 한 그가 전업 작가로 활동한 지 이제 6년 차가 되었다. 그동안 가열차게 살아온 덕에 서촌도감, 라마홈, 장생호, 카바라이프, 피크닉 등 온·오프라인에 물건을 제법 입고했다. 그렇다고 그것이 수입으로 바로 연결되는 것은 아니기에 생활을 위한 생계형 아르바이트를 병행한다. 가끔 사진 촬영을 의뢰받아 돈을 벌기도 하고 자신의 관심 분야에 아르바이트라는 이름으로 적을 두기도 한다. 아직은 미약하지만 좋아하는 작업을 꾸준히 해나가기 위해 버티기의 근육을 키우고 있는 그가 앞으로 더 기대되는 이유는 다양한 분야의 사람들과 협업하기를 두려워하지 않고 새로운 학문에 관심을 가지며 넓은 세상을 품에 끌어안을 용기를 가지고 있기 때문이다. 그는 너무 젊고 무궁무진한 아이디어와 가능성이 있는 사람이다.

순수미술을 전공한 오수 씨는
다양한 재료를 활용해 설치물을 만든다.
팔, 다리, 장기 등 인체를 오브제처럼 만든 작품

[1] 스케치를 하듯 손이 가는 대로 자유롭게 뜨개질을 한다.
[2] 손뜨개 기법을 활용해 만든 설치물

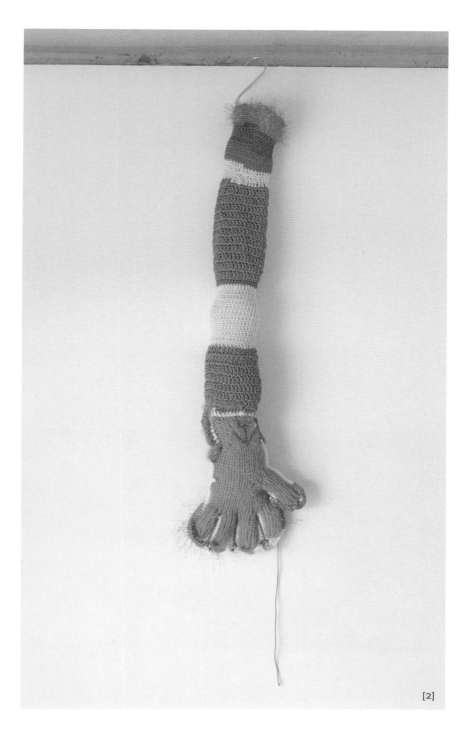

도예가 오선주 씨와
협업해 선보이는 영원한 초록 시리즈

오수 씨의 스테디셀러인 이끼 코스터. 단순한 원형뜨기 기법을 활용한 코스터지만
독특한 감촉과 색감으로 테이블 위에 포인트가 되어준다.

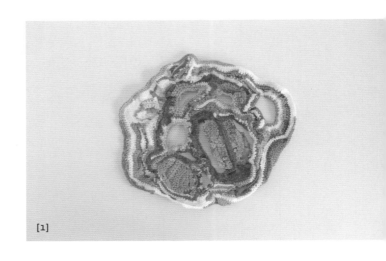

[1]

[2]

[3]

[1~3] 선주 씨가 점토로 만들어준
돌멩이뿐 아니라 여러 혼합물을 활용해
다양한 형태를 실험 중이다.

[1~3] 자신이 직접 만든
러그와 오브제로 아기자기하게
꾸민 주거 공간

[2]

[3]

뜨개하는 날들

초판 1쇄 인쇄일 2024년 6월 14일
초판 1쇄 발행일 2024년 6월 24일

지은이 박은영

발행인 조윤성

편집 인스튜디오 **디자인** 정효진 **마케팅** 서승아
발행처 ㈜SIGONGSA **주소** 서울시 성동구 광나루로 172 린하우스 4층(우편번호 04791)
대표전화 02 - 3486 - 6877 **팩스(주문)** 02 - 585 - 1755
홈페이지 www.sigongsa.com / www.sigongjunior.com

글 ⓒ 박은영, 2024 | 사진 ⓒ 이상필, 2024

이 책의 출판권은 ㈜SIGONGSA에 있습니다. 저작권법에 의해
한국 내에서 보호받는 저작물이므로 무단 전재와 무단 복제를 금합니다.

ISBN 979 - 11 - 7125 - 322 - 7 13590

*SIGONGSA는 시공간을 넘는 무한한 콘텐츠 세상을 만듭니다.
*SIGONGSA는 더 나은 내일을 함께 만들 여러분의 소중한 의견을 기다립니다.
*잘못 만들어진 책은 구입하신 곳에서 바꾸어 드립니다.

WEPUB 원스톱 출판 투고 플랫폼 '위펍' _wepub.kr
위펍은 다양한 콘텐츠 발굴과 확장의 기회를 높여주는
SIGONGSA의 출판IP 투고·매칭 플랫폼입니다.